3
1972

# Faserforschung und Textiltechnik

**WISSENSCHAFTLICH-TECHNISCHE ZEITSCHRIFT FÜR DIE CHEMIEFASER- UND TEXTILINDUSTRIE**



AUS DEM INHALT



AKADEMIE-VERLAG BERLIN

Faserforsch. u. Textiltechnik • 23. Jahrg. • Heft 3 • Seiten 97–140 • Berlin im März 1972
FSTXA7 23 (3) 97–140 (1972)
Preis: 15,– M • Sonderpreis DDR: 9,– M

# Stabilisierung und Alterung von Plastwerkstoffen

Von Prof. Dr. KURT THINIUS

## Band I: Stabilisierung und Stabilisatoren von Plastwerkstoffen

1969. 720 Seiten · 80 Abbildungen · 58 Tabellen · gr. 8° · Leinen M 84,— · Bestell-Nr. 761 2151 (5708/I)

## Band II: Alterung der Plastwerkstoffe

1970. 498 Seiten · 107 Abildungen · 120 Tabellen · gr. 8° · Leinen M 84,—
Bestell-Nr. 761 349 6 (5708/II)

Entgegen der auch heute noch vielfach geäußerten Auffassung, daß der überwiegende Teil der produzierten Plastwerkstoffe dazu bestimmt sein soll, andere knappe und teuere Roh- und Werkstoffe zu ersetzen, ist es vielmehr die Aufgabe der im Industriezweig und der Forschung der Plastwerkstoffe Tätigen, sich weiter darum zu bemühen, diese Gruppe der organischen Werkstoffe in höchstmöglichem Maße überall dort einzusetzen, wo es vom technischen Standpunkt ihre Werkstoffeigenschaften erlauben oder geradezu fordern. Sie sollen hier einen hohen volkswirtschaftlichen Nutzen bringen und soweit wie nur irgend möglich auch eine Einsparung an gesellschaftlicher Arbeit erzielen.
Der wirklich erreichbare wirtschaftliche Nutzeffekt der Plastformstoffe ist oft schwierig zu ermitteln. Er wird sich in den allerseltensten Fällen auf einen Betrieb beschränken oder beziehen lassen.
Eine sehr fundierte Werkstoffkunde mit den für die Plastwerkstoffe in ihrer Gebrauchsform des Plastformstoffes charakteristischen Vorgängen, Zuständen und Erscheinungen, für die es sich bei allen Sprachgebieten seit langem eingebürgert hat, den Begriff der Alterung zu gebrauchen, wird sich demgemäß als eine unabdingbare Notwendigkeit für die Erreichung des oben skizzierten gesellschaftlichen Zieles ergeben.
In dem Bestreben, hierbei den Wissenschaftlern, Technikern, Ingenieuren, Neuerern ein wenig zu helfen, ist das Buch über die Stabilisierung und Alterung der Plastwerkstoffe entstanden. Es schöpft aus einer fast 40jährigen wissenschaftlichen wie technologischen Bearbeitung mit Problemen der Stabilität und Stabilisierung des Makromoleküls, den Beeinflussungsmöglichkeiten dieser Eigenschaften durch Stabilisatoren sowie mit den Problemen der Dauerstandfestigkeit der aus dem Makromolekül herstellbaren Plastformstoffe.
Es sollte versucht werden, unter bewußtem Verzicht auf eine absolut erschöpfende Erfassung des einschlägigen Welt-Schrifttums, die grundlegenden Regelmäßigkeiten zu den Problemen der Stabilitätsverbesserung beim Aufbau des Makromoleküls selbst, wie auch durch verarbeitungstechnische Sorgfalt und Stabilisatoren darzulegen und auch aufzuzeigen, welche Grenzen der Einsatzfähigkeit den derzeitigen Plastformstoffen aus ihren Eigenschaften und ihren Wandlungsfähigkeiten her gegeben sind und wie die Bedingungen des sinnvollen Gebrauchs das Makromolekül beeinflussen.
Dieses Buch soll in seinem doppelten Charakter als Hand- und Nachschlagebuch wie auch als Lehrbuch für die Studentenschaft und den Kreis der Postgradualen dazu beitragen, die im Prognosezeitraum sehr weitgesteckten Ziele unserer Plastindustrie erreichen zu helfen.

*Bestellungen durch eine Buchhandlung erbeten*

THEORIA CUM PRAXI

AKADEMIE-VERLAG · BERLIN

DK 677.4:537.29:677.021.125.3:677.014.87

*Beršev, Evgenij Nikitič*, und *Kirillov, Vitalij Vasil'evič*

Orientierung der Fasern in einem elektrostatischen Feld
Teil 1. Orientierung zu einer vorgegebenen Fläche

Faserforsch. u. Textiltechnik **23** (1972) 3, S. 97—103. 4 Abb., 10 Lit.

Eine Analyse der Orientierung der Fasern bei deren Bewegung in einem elektrostatischen Feld ermöglichte es, den Schwingungscharakter dieses Prozesses zu zeigen und Gleichungen für das Ermitteln der optimalen Kombination der Parameter zum Erreichen der maximalen Orientierung zu erhalten, die eine experimentelle Beurteilung der Polarisierbarkeit der Fasern und der Lage der freien Ladung gestatten. Eine experimentelle Untersuchung ergab eine zufriedenstellende Übereinstimmung mit der vorgeschlagenen Theorie.

DK 677.494.061.2:677.022.78:677.014.886:677.016.1:677.016.673.3

*Geitel, Karl-Heinz*

Zur Bestimmung der Bauschigkeit aus den textilphysikalischen Eigenschaften der Fasern und Texturfäden

Faserforsch. u. Textiltechnik **23** (1972) 3, S. 103—115. 19 Abb., 7 Lit.

Auf der Grundlage vereinfachter Modelle des Faserbauschs und der Kraftwirkung am Kräuselelement wird eine Beziehung zur Berechnung des Bauschvolumenverhältnisses abgeleitet. Das Bauschvolumenverhältnis ist außer von der Faser- bzw. Elementarfadenfeinheit und der Dichte des Faserstoffs vor allem von den Prüfmerkmalen Entkräuselung und Krümmung abhängig.

DK 677.494.674'524'420:677.021.188:677.014.87:677.014.84:677.017.4

*Mitterpach, Ivan, Diačik, Ivan*, und *Jambrich, Martin*

Beitrag zum Studium der Strukturveränderungen synthetischer Fasern bei Deformation in der Faserlängsrichtung
III. Polyesterfasern (PE-Fasern)

Faserforsch. u. Textiltechnik **23** (1972) 3, S. 115—118. 5 Abb., 1 Tab., 5 Lit.

Der Prozeß der Deformation von PE-Fasern bei einer Temperatur von 130 °C wurde bezüglich der Orientierung der kristallinen und nichtkristallinen Bereiche unter Anwendung physikalischer Methoden — Röntgenographie, Infrarot-Absorptionsspektroskopie, Messung der optischen Doppelbrechung und der Schallgeschwindigkeit — verfolgt. Dabei wurde festgestellt, daß es im Unterschied zu PA-6- und PP-Fasern bei PE-Fasern im Verlauf des Deformationsprozesses zu einer systematischen Erhöhung der Orientierung der nichtkristallinen Anteile und zu einer allmählichen Orientierung der kristallinen Anteile kommt.

DK 677.494.745.32-042.2:677.021.125.26-913.3:541.664:677.021.125.3
532.133:677.017.285

*Neverov, A. P.*, und *Pakšver, È. A.*

Untersuchung der rheologischen Eigenschaften von Polyacrylnitril-Gelfäden mittels Recken
2. Mitt.: Abhängigkeit der rheologischen Eigenschaften von der Zusammensetzung des Wasser/Dimethylformamid-Fällbades

Faserforsch. u. Textiltechnik **23** (1972) 3, S. 119—122. 6 Abb., 11 Lit.

Die Änderung der Spannung, der hochelastischen und der plastischen Deformation sowie der Längsviskosität während des Reckens von Gelfäden werden betrachtet. Hierbei wird gezeigt, daß sich mit Verringerung der Dimethylformamidkonzentration des Fällbades die Anfangssteifigkeit und gleichzeitig die Plastizität des Fadens erhöhen. Es werden drei Stadien des Reckprozesses und die Wechselbeziehung zwischen den rheologischen Charakteristiken und der Porosität der Gelfäden diskutiert.

DK 678.674:678.675:678.021.131:541.24.08:519.25

*Theil, Ingeborg, Calugaru, Elena-Maria*, und *Feldman, Dorel*

Zur Fraktionierung von Polykondensaten

Faserforsch. u. Textiltechnik **23** (1972) 3, S. 123—127. 5 Abb., 2 Tab., 77 Lit.

Es wurde eine Fraktioniersäule entwickelt, die nach dem Prinzip der Verteilung des Polymeren zwischen zwei flüssigen Phasen arbeitet. Mit dieser Säule kann die Fraktionierung von Polyamiden und Polyestern in kurzer Zeit und gut reproduzierbar ausgeführt werden.

DK 661.728.3:547-145.4:541.8:532.77:532.73

*Koura, Adel, Schleicher, Harry*, und *Philipp, Burkart*

Untersuchungen zur Quellung und Lösung von Cellulose in aminhaltigen Flüssigkeitsgemischen
2. Mitt.: Untersuchungen zur Löslichkeit von Cellulose in Dimethylsulfoxid/Amin-Gemischen

Faserforsch. u. Textiltechnik **23** (1972) 3, S. 128—133. 4 Abb., 7 Tab., 17 Lit.

Nach einer kurzen Charakterisierung der Systeme Amin/DMSO, Methylamin/Cellulose und DMSO/Cellulose wird der Einfluß von Lösezeit und -temperatur, Zusammensetzung des Lösegemisches, Cellulosestruktur und Vorbehandlung der Celluloseprobe auf die Auflösung von Cellulose im System DMSO/Methylamin beschrieben.

Die Zeitschrift „Faserforschung und Textiltechnik“ erscheint monatlich in Heften zu 48 Textseiten im Format A 4. Der Preis für das Einzelheft beträgt M 15,— (Sonderpreis für DDR M 9,—), für den Vierteljahrbezug M 45,— (Sonderpreis für DDR M 27,—), zuzügl. Bestellgeld. Die Berechnung erfolgt zu Beginn eines Vierteljahrs für 3 Hefte. Bestellungen aus dem Gebiet der Deutschen Demokratischen Republik an ein Postamt, eine Buchhandlung oder den Verlag, aus der Deutschen Bundesrepublik an eine Buchhandlung oder die Auslieferungsstelle Kunst und Wissen, Erich Bieber, 7 Stuttgart 1, Wilhelmstraße 4—6, aus dem Ausland an eine Importbuchhandlung, den Deutschen Buch-Export und -Import GmbH., 701 Leipzig, Postschließfach 276, oder den Akademie-Verlag GmbH., 108 Berlin, Leipziger Str. 3—4 (Fernruf: 220441: Telex-Nr. 0112020; Postscheckkonto 35021) erbeten. Bestellnummer dieses Heftes: 1014/23/3. Alleinige Anzeigenannahme DEWAG-WERBUNG, 102 Berlin, Rosenthaler Str. 28/31, und alle DEWAG-Betriebe in den Bezirksstädten der DDR. — Bestellungen in der UdSSR nehmen entgegen: Städtische Abteilungen von „SOJUZPECHATJ“ bzw. Postämter und Postkontore.

Herausgeber und verantwortlich für den Inhalt: Prof. Dr. Erich Correns, Institut für Polymerenchemie der Deutschen Akademie der Wissenschaften zu Berlin, 153 Teltow-Seehof, Fernruf: Teltow 4831; Prof. Dr.-Ing. habil. Wolfgang Bobeth, Institut für Technologie der Fasern der Deutschen Akademie der Wissenschaften zu Berlin, 801 Dresden, Hohe Str. 6, Fernruf: 44721; Prof. Dr.-Ing. Hans Böhringer, Rudolstadt; Prof. Dr. Hermann Klare, Prof. Dr. habil. Burkart Philipp und Dr. habil. Christian Ruscher, Institut für Polymerenchemie der Deutschen Akademie der Wissenschaften zu Berlin, 153 Teltow-Seehof, Fernruf: Teltow 4831. Schriftleiter: Joachim Brämer und Dipl.-Chem. Ingeborg Ruscher, 153 Teltow-Seehof, Kantstr. 55. Verlag: Akademie-Verlag GmbH., 108 Berlin, Leipziger Str. 3—4. Satz und Druck: Druckhaus „Maxim Gorki“, 74 Altenburg. — Veröffentlicht unter der Lizenznummer 1280 des Presseamtes beim Vorsitzenden des Ministerrates der Deutschen Demokratischen Republik.

Manuskriptsendungen sind an einen der Herausgeber oder die Schriftleitung zu richten. Für Inhalt und Form gelten die „Richtlinien für die Annahme und Abfassung von Beiträgen“, erhältlich von der Schriftleitung. Die Verfasser größerer wissenschaftlicher Arbeiten erhalten außer dem Honorar ein Heft und 50 Sonderdrucke ihrer Arbeit unentgeltlich. Nachdrucke sowie Übersetzungen in fremde Sprachen des Inhalts dieser Zeitschrift und deren Verbreitung — auch auszugsweise mit Quellenangabe — bedürfen der schriftlichen Vereinbarung mit dem Verlag.

# Faserforschung und Textiltechnik

WISSENSCHAFTLICH-TECHNISCHE ZEITSCHRIFT FÜR DIE CHEMIEFASER- UND TEXTILINDUSTRIE

Band 23 März 1972 Heft 3

# Orientierung der Fasern in einem elektrostatischen Feld

## Teil 1. Orientierung zu einer vorgegebenen Fläche

*Evgenij Nikitič Beršev und Vitalij Vasil'evič Kirillov*

*Leningrader Institut für Textil- und Leichtindustrie „S. M. Kirov"; Leningrader Universität „Shdanov"*

DK 677.4:537.29:677.021.125.3:677.014.87

Eine Analyse der Orientierung der Fasern bei deren Bewegung in einem elektrostatischen Feld ermöglichte es, den Schwingungscharakter dieses Prozesses zu zeigen und Gleichungen für das Ermitteln der optimalen Kombination der Parameter zum Erreichen der maximalen Orientierung zu erhalten, die eine experimentelle Beurteilung der Polarisierbarkeit der Fasern und der Lage der freien Ladung gestatten. Eine experimentelle Untersuchung ergab eine zufriedenstellende Übereinstimmung mit der vorgeschlagenen Theorie.

*Ориентация волокон в электростатическом поле*
*Часть 1-я. Ориентация с получением заданной плоскости*

Анализ ориентации волокон при их перемещении в электростатическом поле позволилает вскрыть колебательную природу этого процесса и вывести уравнение для определения оптимальной комбинации параметров для получения максимальной ориентации, которое позволяет провести экспериментальную оценку поляризуемости волокон и положения свободного заряда. Экспериментальные исследования показали удовлетворительное совпадение с предложенной теорией.

*Orientation of Fibres in an Electrostatic Field*
*Part 1. Orientation to a Determined Plane*

An analysis of the orientation of fibres during their motion in an electrostatic field enables the vibrational character of the orientation process to be shown. Equations for the determination of optimum combinations of the parameters resulting in maximum orientation were derived, which allow to estimate the polarisability of the fibres and the position of the free charges. The results of experimental investigations were in satisfactory agreement with the theoretical concept proposed.

Die Anwendung starker elektrischer Felder bei technologischen Prozessen, die in letzter Zeit eine weite Verbreitung gefunden haben, insbesondere in der Textil- und in der Leichtindustrie für das elektrostatische Spinnen, für das Beflocken in elektrischen Feldern usw., hängt vor allem mit der Orientierung und der Beförderung geladener Teilchen durch das Feld zusammen [1]. In der vorliegenden Arbeit wird auf Grund der Vorstellung, daß sich auf den Fasern Polarisationsladungen bilden und ihnen freie Ladungen mitgeteilt werden können [1 bis 3], der Prozeß der Faserorientierung in einem elektrischen Feld untersucht. Dabei wurde im Unterschied zu früher durchgeführten Untersuchungen [4, 5] der Bedingungen beim elektrostatischen Beflocken [1, 6, 7] als nachstehend zu lösende Aufgabe die Orientierung einer großen Menge von Fasern im Feld zu einem Zeitpunkt untersucht, zu dem die Fasern auf eine bestimmte vorgegebene Fläche gelangen, wobei auf den Fasern sowohl Polarisationsladungen als auch freie Ladungen vorhanden sind.

Betrachten wir eine Faser, die in ein konstantes homogenes elektrisches Feld mit der Feldstärke $E$ gebracht worden ist (Bild 1). Wir wollen annehmen, daß die Faser in diesem Feld praktisch sofort polarisiert wird und einen Dipol mit den Ladungen $(+q)$ und $(-q)$ bildet, deren Abstand gleich $l$ — der Faserlänge — ist. Der kompliziertere Fall einer gewissen Verteilung der Polarisationsladungen auf der Faser kann durch geeignete Wahl der Größen der Ladungen, die sich an den Faserenden befinden, immer auf diesen Fall zurückgeführt werden. Außerdem kann die Faser zur Erhöhung der Geschwindigkeit der fortschreitenden Verschiebung nach der unteren Elektrode hin eine aufgebrachte freie Ladung $Q$ besitzen (die sie z. B. beim Kontakt mit der oberen Elektrode oder aber im Bereich der Koronaentladung erhält), deren Zentrum im allgemeinen Falle

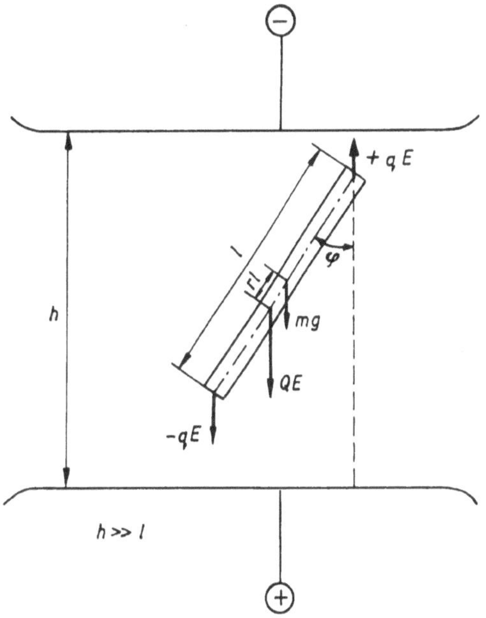


Bild 1. Kräfte, die im elektrischen Feld auf die Faser wirken

vom Faserschwerpunkt um 0,5 rl verschoben ist ($-1 \leqq r \leqq 1$). Bei fehlendem Luftwiderstand wird die Drehung einer Faser mit dem Trägheitsmoment $J$ durch die Gleichung

$$M + J\ddot{\varphi} = 0 \qquad (1)$$

beschrieben; hier sind:

$\varphi$ der Winkel zwischen der Faserachse und dem Feld (siehe Bild 1),

$M$ das Drehmoment, bestimmt aus

$$M = (q + 0{,}5\,r\,Q)\,El \sin \varphi . \qquad (2)$$

Die positiven Werte von $r$ entsprechen dem Fall, bei dem die Momente $0{,}5\,QErl \sin \varphi$ und $qEl \sin \varphi$ gleiche Richtung haben.

Wenn wir

$$(q + 0{,}5\,r\,Q)\,El = P \qquad (3)$$

setzen und die Untersuchung im Bereich der kleinen $\varphi$-Werte vornehmen, bei denen $\sin \varphi = \varphi$ ist, können wir Gleichung (1) unter Berücksichtigung der Gleichungen (2) und (3) in der Form

$$\ddot{\varphi} + \omega_0^2 \varphi = 0 \qquad (4)$$

niederschreiben. Für die Eigenfrequenz der Faser gilt die Beziehung

$$\omega_0 = \sqrt{\frac{P}{J}}$$

und für ihre Schwingungsperiode $T$

$$T = \frac{2\pi}{\omega_0}.$$

Weil das Trägheitsmoment einer Faser mit Kreiszylinderform [8]

$$J = \frac{ml^2}{12}$$

ist, erhalten wir für die Eigenfrequenz der Faserschwingung

$$\omega_0 = \sqrt{\frac{12\,E(q + 0{,}5\,r\,Q)}{ml}}. \qquad (5)$$

Die Masse $m$ einer einzelnen Faser kann man aus der Dichte $\gamma$, der Länge $l$ und dem Durchmesser $d$ der Faser errechnen:

$$m = \frac{\pi \gamma d^2 l}{4}.$$

Die Lösung der Differentialgleichung (4) mit den Anfangsbedingungen

$$t = 0; \quad \varphi(0) = \varphi_0; \quad \dot{\varphi}(0) = 0$$

ist

$$\varphi = \varphi_0 \cos \omega_0 t. \qquad (6)$$

Jetzt wollen wir das Gesamtergebnis der Entwicklung des Orientierungsprozesses in der Zeit feststellen. Aus Gleichung (6) folgt, daß bei Annahme kleiner Anfangsdrehungswinkel jede im Feld sich bewegende Faser eine nichtabklingende Schwingung hinsichtlich der Feldrichtung mit in der Zeit konstanter Periode ausführt, die vom Anfangsaustrittswinkel $\varphi_0$ an der Elektrode unabhängig ist. Diese letzte Eigenschaft gewährleistet, daß alle Fasern gleichzeitig die Gleichgewichtslage ($\varphi = 0$) durchlaufen, die bei

$$\cos \omega_0 t = 0$$

oder

$$\omega_0 t = \frac{\pi}{2}(2n + 1) \qquad (7)$$

realisiert wird; $n = 0, 1, 2, 3, \ldots$

Mithin läuft die Aufgabe der optimalen Faserorientierung darauf hinaus, die Lage der vorgegebenen Fläche zu wählen, die der Bedingung (7) entspricht.

Der Zeitpunkt des Auftreffens eines Teilchens auf eine beliebige vorgegebene Fläche im Abstand $h$ wird aus der Gleichung

$$t = \sqrt{\frac{2h}{a}} \qquad (8)$$

bestimmt, wobei die Beschleunigung $a$ von der Bewegung des Teilchens im homogenen Feld

$$a = \frac{QE}{m} + g \qquad (9)$$

abhängt; $g$ ist die Erdbeschleunigung.

Wenn wir (6), (8) und (9) in (5) einsetzen, erhalten wir die Gleichung für den Winkel $\varphi$, unter dem die Faser auf die vorgegebene Fläche auftrifft:

$$\varphi = \varphi_0 \cos \sqrt{\frac{24hE(q + 0{,}5Qr)}{l(QE + mg)}}. \qquad (10)$$

Bei optimaler Faserorientierung wird das Argument des cos $\pi/2\,(2n + 1)$.

Wir stellen fest, daß ein negativer Wert von $r$ in Gleichung (6) der Bedingung entspricht, bei denen die Momente der Polarisationsladungen und der freien Ladung in ihrer Richtung nicht übereinstimmen. Wenn das letztgenannte Moment größer ist ($|0{,}5Qr| > |q|$), erfolgt ein „Kippen" der Faser, und nach dem Durchgang durch die Gleichgewichtslage stimmen die Momente in der Richtung überein. Es ist offensichtlich, daß in diesem Falle der Faserorientierungswinkel $\varphi$ nicht nach Gleichung (10) ermittelt werden kann, weil die Bedingung kleiner Drehungswinkel nicht erfüllt ist (hierbei nimmt der Ausdruck unter der Wurzel einen negativen Wert an), und es macht sich eine spezielle Untersuchung nötig. Eine analoge „Kipperscheinung" hat *Mirzabekjan* [9] beim Analysieren der Bedingungen für die Bildung von Grenzladungen auf gereckten Teilchen im Bereich der Koronaentladung festgestellt.

Die von uns in die Untersuchung einbezogene Polarisationsladung $q$ drückt die Fähigkeit der Faser aus, in einem gegebenen elektrischen Feld unter Bildung eines elektrischen Dipols

$$p = ql$$

polarisiert zu werden, der von der Feldstärke abhängt [10]:

$$p = \alpha E \cos \varphi;$$

für kleine Winkel wird $\cos \varphi = 1$ und

$$q = \frac{\alpha E}{l} = \frac{\alpha U}{hl}. \quad (11)$$

Der Proportionalitätskoeffizient $\alpha$ drückt die Polarisierbarkeit der Faser aus und ist unmittelbar mit deren Dielektrizitätskonstante und Leitfähigkeit verknüpft.

Bei Benutzung der Polarisierbarkeit der Faser kann man den Ausdruck (5) für die Eigenfrequenz der Faserschwingungen im Falle einer zentralen Anordnung der Ladung ($r = 0$) in einfacherer Form niederschreiben, nämlich:

$$\omega_0 = \frac{2E}{l}\sqrt{\frac{3\alpha}{m}}. \quad (5a)$$

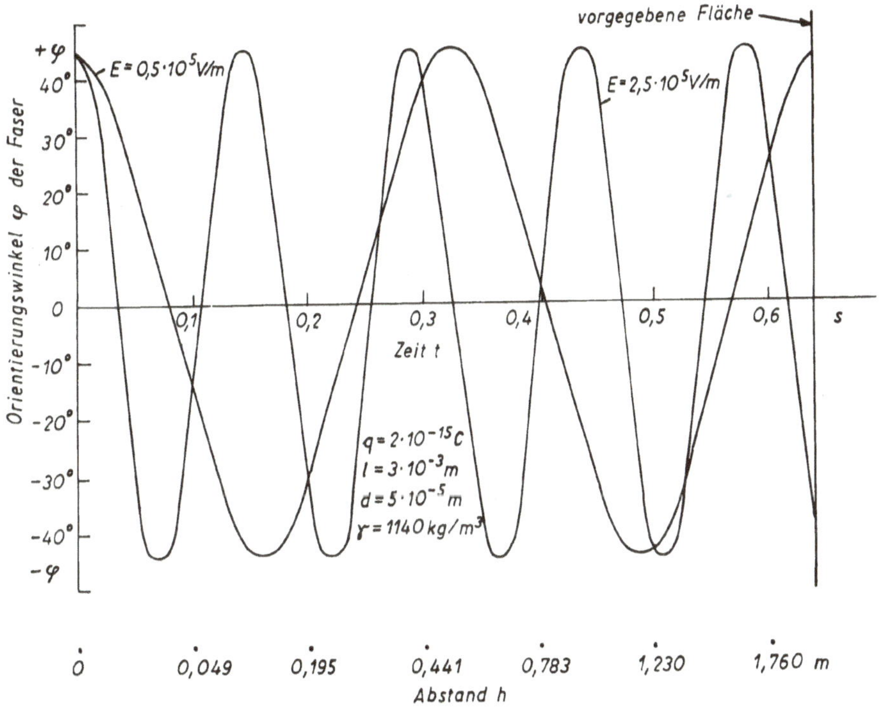


Bild 2. Änderung des Orientierungswinkels polarisierter unaufgeladener Fasern in der Zeit

Unter Berücksichtigung von (11) folgt für den Gesamtausdruck (10) des Orientierungswinkels in Abhängigkeit von der Polarisierbarkeit der Fasern

$$\varphi = \varphi_0 \cos \sqrt{\frac{24hE(\alpha E + 0{,}5Qlr)}{l^2(QE + mg)}}. \quad (12)$$

Als Beispiel für den Ablauf des Orientierungsprozesses in der Zeit bringen wir Bild 2. Dort wird die Änderung des Orientierungswinkels zweier Fasern mit — abgesehen von der Polarisierbarkeit — gleichen Parametern gezeigt, und zwar berechnet nach den Gleichungen (10) und (8). Der Unterschied der Feldstärken in (11) ist so gewählt, daß die Fasern gleiche Polarisationsladungen $q$ haben. Hierbei entsprechen die gewählten Parameter den realen Parametern, denen man beim elektrostatischen Beflocken begegnet. Kennt man (8), kann die Abhängigkeit von den Abständen $h$ wie auf Bild 2 dargestellt werden.

*Orientierung der Fasern, die keine freie Ladung haben*

Ist keine freie Ladung vorhanden ($Q = 0$) und wird in Gleichung (12) $m$ durch die Dichte der Faser und $E$ durch die Spannung ersetzt, so kann geschrieben werden:

$$\varphi = \varphi_0 \cos \frac{4U}{d}\sqrt{\frac{6}{\pi g \gamma} \cdot \frac{\alpha}{hl^3}}. \quad (13)$$

Für den Orientierungsprozeß der nichtaufgeladenen polarisierten Fasern in der Zeit folgt unter Berücksichtigung von (13) und (8):

$$\varphi = \varphi_0 \cos \frac{8U}{tld}\sqrt{\frac{3\alpha}{\pi g^2 \gamma l}}. \quad (14)$$

Aus Gleichung (13) ist für die experimentelle Ermittlung der Polarisierbarkeit (z. B. mittels Zeitdehnerfilmaufnahme) in Abhängigkeit vom Orientierungswinkel $\varphi$ einer Einzelfaser, wenn der Anfangsaustrittswinkel $\varphi_0$ bekannt ist, die Beziehung

$$\alpha = \frac{\pi g \gamma}{96} \cdot \frac{hd^2l^3\left(\arc \cos \frac{\varphi}{\varphi_0}\right)^2}{U^2} \quad (15)$$

abzuleiten.

Die optimale Polarisierbarkeit $\alpha_{opt}$, bei der der Faserneigungswinkel den Wert Null annimmt ($\varphi = 0$), wird durch Anwenden der Bedingung (7) auf (13) ermittelt:

$$\alpha_{opt} = \frac{\pi^3 g}{384}(2n + 1)^2 \cdot \frac{\gamma d^2 l^3 h}{U^2}. \quad (16)$$

Mithin entspricht bei gegebenen Einstellparametern die optimale Orientierung Werten der Polarisierbarkeit, die Vielfache von $(2n + 1)^2$ sind. Aus dem letzten Ausdruck ist zu ersehen, daß der Prozeß der vollständigen Orientierung es erfordert, beim Vermindern der Faserpolarisierbarkeit die Spannung an den Elektroden zu erhöhen.

Gleichung (16) begründet zugleich die Notwendigkeit, chemische Behandlungen der Fasern mit Elektrolyten zwecks Auswahl eines bestimmten Grades der Polarisierbarkeit vorzunehmen, um die optimale Orientierung zu erreichen. Hierbei muß die Behandlung für Fasern verschiedener Abmessungen und Zusammensetzung unterschiedlich sein.

Der kleinste Wert der Polarisierbarkeit entsteht nach Gleichung (16) a) bei $n = 0$; b) bei Anlegen der maximalen Spannung $U = U_{max}$, die durch die höchste Spannung der benutzten Einspeisungsquelle bestimmt wird, und c) beim kleinsten Abstand zwischen den Elektroden $h = h_{min}$. Die Größe von $h_{min}$ wird durch die Bedingung bestimmt, unter der im Raum zwischen den Elektroden beim Erzeugen von Feldstärken, die größer als $E_{kr}$ sind, ein Überschlag auftritt:

$$h_{min} = \frac{U_{max}}{E_{kr}}. \tag{17}$$

Nach entsprechender Substitution in Ausdruck (16) erhalten wir

$$\alpha_{min} = \frac{\pi^3 g}{384} \cdot \frac{\gamma d^2 l^3}{E_{kr} \cdot U_{max}}. \tag{18}$$

Wenn die reale Polarisierbarkeit der Fasern $\alpha < \alpha_{min}$ ist, dann ist eine volle Orientierung unter diesen Bedingungen nicht möglich. Andererseits erklärt gerade die minimale Polarisierbarkeit, daß es nötig ist, für die vollständige Orientierung der Teilchen in einem elektrostatischen Feld hohe Spannungen zu benutzen. Daraus wird das Bild der Abhängigkeit der Orientierung der Fasern von deren Polarisierbarkeit sichtbar. Unbehandelte Fasern orientieren sich schlecht, weil ihre Polarisierbarkeit nicht den erforderlichen Mindestwert erreicht. Durch eine besondere chemische Behandlung erhöht man die Polarisierbarkeit der Fasern und nähert sie dem Mindestwert an, was die Orientierung verbessert. Beim Erreichen von $\alpha_{min}$ wird die Orientierung bei $U = U_{max}$, $h = h_{min}$ optimal. Wird jedoch die Polarisierbarkeit bei unveränderten Einstellparametern weiterhin erhöht, beginnt sich die Orientierung zu verschlechtern und wird erst beim Nähern an $n = 1$ wieder besser.

Weil für $U_{max} = 10^5$ V, bei einer kritischen Überschlagsfeldstärke in staubhaltiger Luft $E_{kr} = 10^6$ V/m, $h_{min} = 0{,}1$ m für KAPRON-Fasern mit $\gamma = 1140$ kg/m³, $d = 5 \cdot 10^{-5}$ m, $l = 3 \cdot 10^{-3}$ m ist, erhalten wir

$$\alpha_{min} = 0{,}61 \cdot 10^{-24} \left[\frac{A^2 \cdot s^4}{\text{kg}}\right]. \tag{19}$$

Wenn man Gleichung (16) für die Bedingungen des vorliegenden Beispiels analysiert, ist durch entsprechende Berechnungen unschwer nachzuweisen, daß durch stetiges Verändern des Abstands zwischen $0{,}1 \text{ m} \leqq h \leqq 0{,}9$ m für unterschiedliche Werte $n = 0, 1, 2, \ldots$ der optimale Wert $h$ erhalten wird, der die maximale Orientierung für beliebige Werte der Polarisierbarkeit $\alpha \geqq \alpha_{min}$ garantiert.

*Orientierung der Fasern, die eine freie Ladung haben*

Dieser Fall wird, wie wir gesehen haben, durch Gleichung (12) beschrieben, die in Form einer Abhängigkeit vom Abstand $h$ bei konstanter Feldstärke $E$ darstellbar ist:

$$\varphi = \varphi_0 \cos \omega_0' \sqrt{h}; \tag{20}$$

es entspricht

$$(\omega_0')^2 = \frac{24 E(\alpha E + 0{,}5 Q l r)}{l^2 (Q E + m g)}. \tag{21}$$

Nach Gleichung (20) ist $\varphi = 0$ bei

$$(\omega_0')^2 = \frac{\pi^2}{4 h_n} (2n + 1)^2, \tag{22}$$

wobei $h_n$ der Abstand ist, in dem der Winkel $\varphi$ Werte annimmt, die gleich 0 sind, und zwar bei $n = 0, 1, 2, \ldots$

Die gemeinsame Lösung von (21) und (22) bezüglich $h_n$ ergibt alle Abstandswerte, für die $\varphi = 0$ ist:

$$h_n = \frac{\pi^2}{96} (2n + 1) \frac{l^2 (Q E + m g)}{E(\alpha E + 0{,}5 Q l r)}. \tag{23}$$

Die Extremwerte $\varphi(h)$ treten unter der Bedingung auf, daß die abgeleitete Funktion (20) gleich Null ist, d. h. bei

$$h_{n\,extr} = \frac{\pi^2 n^2}{(\omega_0')^2}. \tag{24}$$

In Bild 3 werden Abhängigkeiten dargestellt, die nach den Gleichungen (20), (23), (24) für verschiedene Verschiebungen der freien Ladung und für unterschiedliche Polarisierbarkeit berechnet wurden. Von praktischem Interesse ist hier die Orientierung in einer Entfernung bis 0,3 m, bei der ein Feld $E = 5 \cdot 10^5$ V/m mittels einer Stromquelle mit $U_{max} = 1{,}5 \cdot 10^5$ V erzeugt werden kann. Man kann sehen, daß die Anzahl der Zustände der vollen Orientierung (oder der Wert $n$ in Gleichung (23)) in dem gegebenen Abstand mit Zunahme der Größe der Ladungsverschiebung oder mit Erhöhung der Polarisierbarkeit wesentlich größer wird. Letzten Endes wird der Abstand $h_n$ bis zur vorgegebenen Fläche für eine optimale Orientierung, wie sie sich aus (23) ergibt, durch die Beziehung

$$\frac{0{,}5 Q l r}{\alpha E} = x, \tag{25}$$

$$\frac{Q E}{m g} = y \tag{26}$$

ausgedrückt. Damit nimmt Gleichung (23) folgende Form an:

$$h_n = \frac{\pi^2}{96} (2n + 1)^2 \cdot \frac{l\left(1 + \frac{1}{y}\right)}{1 + \frac{1}{x}}. \tag{27}$$

Wie sich aus den Gleichungen (23) und (27) und der Darstellung in Bild 3 ergibt, liegt bei der Analyse der experimentellen Daten über die Orientierung der einzelnen Fasern eine Unsicherheit dahingehend vor, daß für ein und denselben optimalen Abstand $h_n$ verschiedene Kombinationen der Ladungsverschiebung und der Faserpolarisierbarkeit möglich sind. Mit anderen Worten: Gleichung (23) schließt zwei Unbekannte — $r$ und $\alpha$ — ein. Der Wert der Polarisierbarkeit $\alpha$ läßt sich experimentell mit Hilfe der Glei-

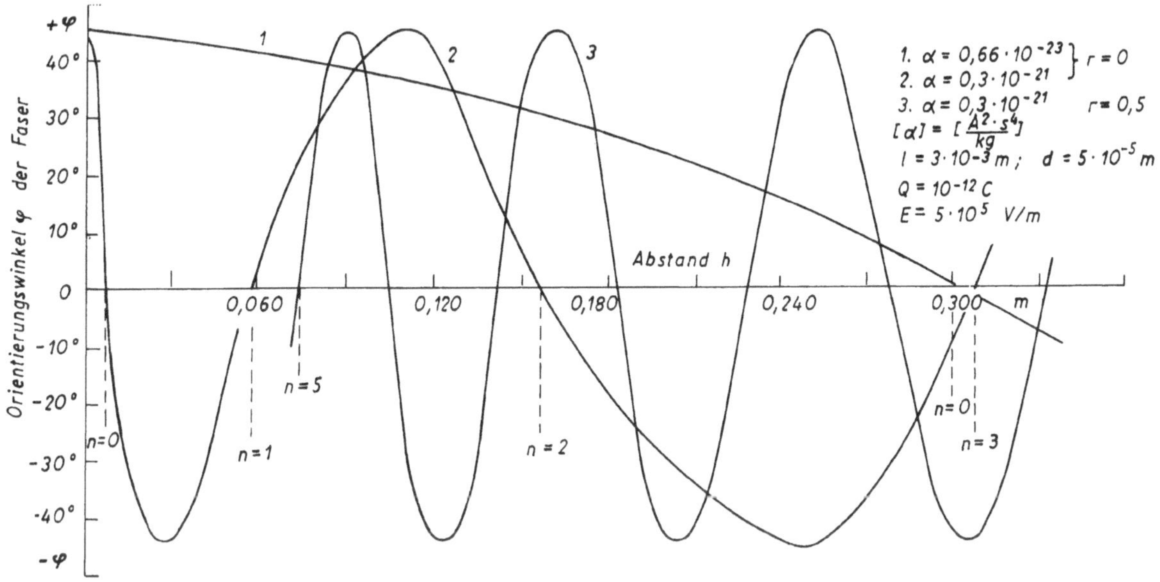


Bild 3. Orientierung der Fasern mit freier überschüssiger Ladung in einem homogenen Feld

chung (16) für den Fall der Orientierung der gegebenen Fasern ohne Mitteilung einer freien Ladung an diese ermitteln.

Kennt man die Größe der aufgebrachten Ladung und deren Verschiebung, kann man den Wert der optimalen Polarisierbarkeit durch gemeinsame Lösung von (21) und (22)

$$\alpha_{\text{opt}} = \frac{\pi^2 l^2 (QE + mg)}{96 h_n E^2} (2n+1) - \frac{0{,}5 Q l r}{E} \tag{28}$$

oder aber die Größe der Ladungsverschiebung bei bekannter Polarisierbarkeit

$$r = \frac{\pi^2 l \left(1 + \frac{1}{y}\right)}{48 h_n} (2n+1)^2 - \frac{2 \alpha E}{Q l} \tag{29}$$

bestimmen. Unter Berücksichtigung von (11) erhalten wir:

$$r = \frac{\pi^2 l \left(1 + \frac{1}{y}\right)}{48 h_n} (2n+1)^2 - \frac{2q}{Q}. \tag{30}$$

Die Größe der freien Ladung, die in die oben angegebenen Gleichungen einzusetzen ist, läßt sich durch Messen ermitteln.

Die für die Verschiebung der freien Ladung entwickelten Gleichungen (29) und (30) ermöglichen es, die Größe $r$ (bei $r > 0$) abzuschätzen, wenn eine unmittelbare experimentelle Messung der Polarisierbarkeit nicht durchführbar ist. Tatsächlich folgt aus (29) und (26), daß immer

$$r \leqq \frac{\pi^2 l \left(1 + \frac{mg}{QE}\right)}{96 h_n} (2n+1)^2 \tag{31}$$

ist.

Wenn sich nach den Versuchsergebnissen herausstellt, daß die rechte Seite der Ungleichung (31) wesentlich kleiner als der Wert der Maximalverschiebung ($r = 1$) ist, dann kann man mit ausreichender Genauigkeit $r = 0$ setzen und die Polarisierbarkeit der Faser nach Gleichung (28) berechnen, aber ohne zweiten Summanden im rechten Teil $(0{,}5 Q l r / E) = 0$. Es wird dabei angenommen, daß die freie Ladung nicht an der Erzeugung eines Drehmoments teilnimmt und einen Einfluß auf die Orientierung nur während der Zeit der Faserbewegung hat.

Im allgemeinen Falle kann man das Moment, das im Feld auf die polarisierte Faser mit verschobener freier Ladung wirkt (siehe Bild 1), immer als ein Moment darstellen, das durch neue Polarisationsladungen $q_{\text{eff}}$ mit derselben effektiven Wirkung, aber bei Lage der freien Ladung im Faserschwerpunkt gebildet wird:

$$M = q_{\text{eff}} l \sin \varphi. \tag{32}$$

Durch gemeinschaftliches Lösen von (2) und (32) ermitteln wir:

$$q_{\text{eff}} = q + 0{,}5 Q r \tag{12}$$

oder nach (11)

$$\alpha_{\text{eff}} = \alpha + \frac{0{,}5 Q l r}{E}. \tag{34}$$

Entsprechend ist

$$r = (\alpha_{\text{eff}} - \alpha) \frac{2E}{Q l}, \tag{35}$$

was analog dem Ausdruck (29) ist.

Unter Berücksichtigung von (33) und (34) werden die Gleichungen (10) und (12) umgeformt in

$$\varphi = \varphi_0 \cdot \cos \sqrt{\frac{24 h q_{\text{eff}} E}{l (QE + mg)}} \tag{36}$$

und

$$\varphi = \varphi_0 \cdot \cos \sqrt{\frac{24 h \alpha_{eff}}{l^2 (QE + mg)}}. \quad (37)$$

Nach den Ergebnissen des Experiments mit aufgeladenen Fasern, wobei in Gleichung (28) $r = 0$ angenommen wird, kann $\alpha_{eff}$ bestimmt, und wie bereits erläutert, nach (16) für die nichtaufgeladenen Fasern deren wahre Polarisierbarkeit $\alpha$ ermittelt werden, die von den elektrischen und physikalischen Eigenschaften der Fasern (unter Berücksichtigung chemischer Nachbehandlungen) abhängt. Ausdruck (25) ermöglicht es, den Wert der Verschiebung der freien Ladung zu ermitteln, der in sich eine wichtige Information über den Mechanismus der Aufladung und den Charakter der freien Ladung auf der Faser trägt.

Die oben erhaltenen Ergebnisse betreffen die Orientierung von Einzelfasern. Für die überwiegende Anzahl dispergierter Teilchen, wie das gewöhnlich bei technologischen Prozessen der Fall ist, haben die Unterschiede zwischen den Eigenschaften der einzelnen Teilchen Einfluß auf den Wert des mittleren Orientierungswinkels. Die Abhängigkeit des mittleren Neigungswinkels einer großen Anzahl von Fasern vom Abstand $h$ haben wir experimentell während der elektrostatischen Beflockung ermittelt (Bild 4a)[1]. Bild 4b gibt die Änderung des Neigungswinkels für eine einzelne Faser an; dabei stimmen hier die Abstände, die den maximalen Winkeln entsprechen, überein, während die Nullagen des Winkels den minimalen Winkeln in Bild 4a entsprechen. Der Wert von $\varphi_0$ auf Bild 4b ist willkürlich gewählt.

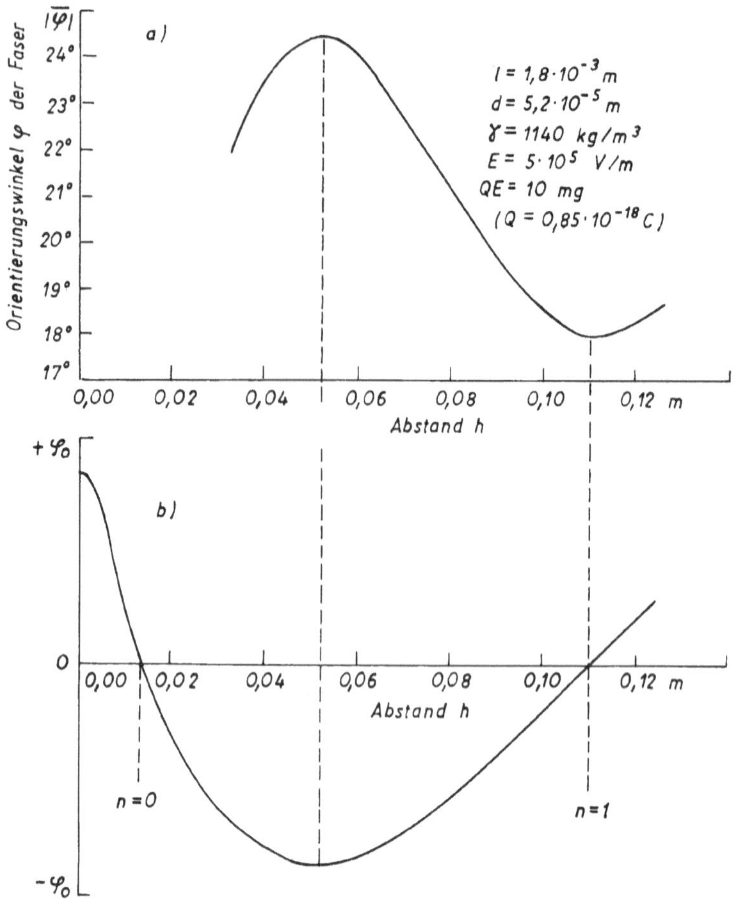


Bild 4. Experimentell ermittelte Abhängigkeit des mittleren Neigungswinkels der Fasern vom Abstand $h$ der Elektroden

Wie wir aus den Versuchswerten ersehen, ist der mittlere minimale Orientierungswinkel für eine große Anzahl von Fasern (Bild 4a) nicht gleich Null ($\bar{\varphi}_{min} = 18°$). Dies hat Parameterstreuungen zwischen den einzelnen Fasern zur Ursache, die z. B. in einer Längenstreuung wegen ungenauen Faserschnittes, einer Streuung der Polarisierbarkeit oder auch in einer Ungenauigkeit bei der Wahl der Spannung (wegen der Instabilität der Stromquelle) begründet liegen. Um die statistische Streuung der Parameter berücksichtigen zu können, haben wir eine besondere Untersuchung angestellt, deren Ergebnisse in der folgenden Mitteilung vorgelegt werden.

Zum Bestimmen der Nullübergangszahl $n$ wollen wir eine Analyse der Kurve (Bild 4a) bezüglich der Gleichungen (23), (24), (21) vornehmen. Wir haben

$$\frac{h_n}{h_{nextr}} = \frac{(2n+1)^2}{4n^2}. \quad (38)$$

Bei $h_n = 0{,}11$ und $h_{nextr} = 0{,}0525$ m erhalten wir aus der Lösung der quadratischen Gleichung (38) den Wert $n = 1{,}1$. Innerhalb der Versuchsfehlergrenzen nehmen wir $n = 1$ an; dadurch kann für die Kurve 4b bei $n = 0$ der Mindestabstand der vollen Orientierung $h_n = 0{,}012$ m gefunden werden. Wenn wir $QE = 10$ mg annehmen, was etwa den beim Experiment beobachteten Fasergeschwindigkeiten entspricht, erhalten wir nach (31)

$$r \leqq 3{,}3 \cdot 10^{-2}.$$

Hieraus ersehen wir, daß die Ladungsverschiebung unbedeutend ist. Überdies kann man unter Vernachlässigung des Summanden $0{,}5Qlr/E$ in Gleichung (28) die Polarisierbarkeit der Fasern bestimmen:

$$\alpha < \alpha_{eff} = 0{,}62 \cdot 10^{-22} \left[\frac{A^2 \cdot s^4}{\text{kg}}\right].$$

Nach Gleichung (11) bestimmen wir die Größe der entsprechenden Polarisationsladung:

$$q < q_{eff} = 1{,}73 \cdot 10^{-12} C.$$

*Schlußfolgerungen*

Die Analyse der Orientierung der Fasern bei deren Bewegung in einem elektrostatischen Feld, die im Rahmen einer Näherungsrechnung für kleine Drehungswinkel durchgeführt worden ist, machte es möglich, den Schwingungscharakter dieses Prozesses zu zeigen und

[1]) Dieses Experiment wurde unter Teilnahme von *N. V. Nikiforova* durchgeführt.

Gleichungen für die Ermittlung der optimalen Kombination der Parameter zwecks Erreichen einer maximalen Orientierung zu erhalten.

Die erhaltenen Beziehungen ermöglichen überdies eine experimentelle Bewertung der Polarisierbarkeit der Fasern (oder der Größe der Polarisationsladungen) und der Lage der freien Ladung.

Die experimentelle Untersuchung der Änderung des mittleren Orientierungswinkels bei einer großen Anzahl von Fasern hat eine zufriedenstellende Übereinstimmung mit der vorgeschlagenen Theorie ergeben und die Notwendigkeit gezeigt, den Einfluß der Streuung der einzelnen Parameter auf den mittleren Winkel der Orientierung der Fasern zur gegebenen Fläche zu berücksichtigen.

*Literatur*

[1] *Beršev, E. N.*, und *Androsov, V. F.*: Primenenie èlektričeskich polej v tekstil'noj i legkoj promyšlennosti (Anwendung elektrischer Felder in der Textil- und in der Leichtindustrie). Moskva: Legkaja Ind. 1968.

[2] *Beršev, E. N.*: Ladungsbildung und Bewegung der Fasern bei elektrostatischer Beflockung. Dt. Textiltechnik **16** (1966) 12, S. 726—729.

[3] *Nagi-Zade, A. T.*, und *Popkov, V. I.*: Sammelband: Sil'nye èlektričeskie polja v technologičeskich processach (Starke elektrische Felder in technologischen Prozessen). Moskva: Ėnergija 1969, S. 5—20.

[4] *Radovickij, V. P.*, und *Strel'cov, N. B.*: Ėlektrodinamika tekstil'nych volokon (Elektrodynamik textiler Faserstoffe). Moskva: Legkaja Ind. 1967.

[5] *Nagi-Zade, A. T.*: Izv. vysšich uč. Zav., Ėlektromechanika (Hochschulnachr. Elektromechanik) **10** (1967) 1, S. 21—28.

[6] *Kassack, F.*, *Reich, F.*, *Schmitz, A.*, *Heyl, G.*, und *Lüttgens, G.*: Textile Oberflächenveredlung durch Beflokken. Bayer-Farben-Rev., Leverkusen (1964), Sonderheft 2.

[7] *Androsov, V. F.*, und *Beršev, E. N.*: Ėlektrostatičeskoe vorsovanie (Elektrostatisches Beflocken). Moskva: Legkaja Ind. 1965.

[8] *Landau, L. D.*, und *Lifšic, E. M.*: Teoretičeskaja fizika (Theoretische Physik). Band I: Mechanika (Mechanik). Moskva 1958.

[9] *Mirzabekjan, G. Z.*: Sammelband Silnye èlektričeskie polja v technologičeskich processach (wie unter [3]), S. 20—39.

[10] *Bogorodickij, N. P.*, *Volokobinskij, Ju. M.*, *Vorob'ev, A. A.* und *Tareev, B. M.*: Teorija dièlektrikov (Theorie der Dielektrika). Moskva: Energija 1965.

*Eingegangen am 9. Juni 1971*

# Zur Bestimmung der Bauschigkeit aus den textilphysikalischen Eigenschaften der Fasern und Texturfäden

*Karl-Heinz Geitel*
*Mitteilung aus dem VEB Chemiefaserkombinat Schwarza „Wilhelm Pieck", Rudolstadt*

DK 677.494.061.2:677.022.78:677.014.886:677.016.1:677.016.673.3

Auf der Grundlage vereinfachter Modelle des Faserbauschs und der Kraftwirkung am Kräuselelement wird eine Beziehung zur Berechnung des Bauschvolumenverhältnisses abgeleitet. Das Bauschvolumenverhältnis ist außer von der Faser- bzw. Elementarfadenfeinheit und der Dichte des Faserstoffs vor allem von den Prüfmerkmalen Entkräuselung und Krümmung abhängig.

*К определению объёмности исходя из физико-механических свойств волокон и текстурированных нитей*

Исходя из упрощенной модели пучка волокон и усилия, воздействующего на элементе, текстурирования, выведено уравнение для расчета соотношения объёмов до и после текстурирования. Это соотношение зависит от толщины волокна или элементарного волокна плотности волокнистого материала, и особенно от показателей выпрямления и извитости.

*Determination of the Bulkiness by the Textile Properties of Fibres and Textured Yarns*

A relationship for the calculation of the bulkiness/volume ratio has been determined on the basis of simplified models of the fibre bulk and the force acting on a crimping element. The bulkiness/volume ratio depends not only on the individual fibre or elementar filament and their density but also on the parameters of decrimping and curvature.

## *1. Einleitung*

Die Bauscheigenschaften textiler Faserstoffe, Fäden und Flächengebilde sind wegen ihres Einflusses auf viele andere Verarbeitungs- und Gebrauchseigenschaften der textilen Vor- und Endprodukte seit Jahrzehnten das Ziel zahlreicher Untersuchungen gewesen. Daß trotz der vielen beschriebenen Meßanordnungen und vorgeschlagenen Prüfverfahren sich noch kein standardisiertes Verfahren durchgesetzt hat, mag sowohl an der Vielfalt der speziellen Fragestellungen als auch an der Problematik der richtigen Wahl der Prüfbedingungen liegen, denn gerade bei den Bauschigkeitsmessungen üben die Prüfbedingungen einen starken Einfluß auf die Prüfergebnisse aus.

Durch die stürmische Entwicklung der Texturfaden- und Bauschgarnerzeugung hat das Interesse an Bauschigkeitsprüfungen neue Impulse bekommen. Nicht zuletzt durch diese Entwicklung bedingt, scheint sich auch das von *Friedemann* [1] angewendete Prinzip der Prüfung parallel geordneter Fasern und Fäden gegenüber dem Prinzip des Prüflings in Wirrlage durchzusetzen, wie sich das in neueren Veröffentlichungen andeutet [2, 3].

Die Frage der Abhängigkeit der Bauschigkeit von den verschiedenen textilphysikalischen Eigenschaften der Fasern oder Fäden wurde seit Jahrzehnten wiederholt behandelt. *Mikut* [2] führte in letzter Zeit eine umfassende Auswertung der einschlägigen Literatur durch, so daß an dieser Stelle auf Einzelheiten verzichtet werden kann. Danach sind die bisher

durchgeführten Arbeiten vorwiegend experimenteller Natur. Einzelne Untersuchungen auf der Grundlage von Modellvorstellungen berücksichtigen nicht genügend die Komplexität der Vorgänge, so daß stets nur spezielle Erscheinungen des Druck-Verformungsverhaltens des Bauschs annähernd richtig erfaßt werden. Die Ergebnisse der Untersuchungen über Zusammenhänge zwischen den Faser- bzw. Fadeneigenschaften und den Prüfmerkmalen der Bauschigkeit sind zum Teil widersprüchlich. So wird zum Beispiel überwiegend ein Anwachsen der Bauschkraft mit zunehmender Kräuselung festgestellt; es gibt jedoch auch Autoren, die einen umgekehrten Zusammenhang finden. Auch für die Abhängigkeit der Bauschkraft von der Feinheit in Tex, für die nach *Mikut* [2] und *Friedemann* [1] ein direkter Zusammenhang bestehen sollte, werden von anderen Verfassern negative Korrelationskoeffizienten ausgewiesen.
Als weitere Faktoren, die auf das Kraft-Verformungsverhalten von Faserbauschen Einfluß nehmen, werden von *Mikut* [2] genannt: die Formänderungseigenschaften der Faserstoffe, ihre thermische bzw. hydrothermische Vorbehandlung und die durch Textilhilfsmittel hervorgerufenen Eigenschaftsänderungen, die je nach der Wirkung des Textilhilfsmittels sowohl eine Verringerung als auch eine Erhöhung der Bauschkraft zur Folge haben können.

Bei der Prüfung von Fäden wirkt sich neben den Eigenschaften der Fasern bzw. Elementarfäden vor allem die Fadenkonstruktion, insbesondere die Drehungszahl, auf die Bauscheigenschaften aus.

In der vorliegenden Arbeit soll versucht werden, die Einflüsse der Faser- und Fadeneigenschaften auf die Bauschigkeit theoretisch zu ermitteln. Die Komplexität der Vorgänge beim Zusammendrücken eines textilen Bauschs erschwert jedoch die Behandlung des Problems so, daß es nicht möglich erscheint, alle wichtigen Bauschigkeitsmerkmale theoretisch zu erfassen. Die Untersuchungen beschränken sich daher auf die Größe, die das Volumen des Bauschs im Vergleich zum Volumen der Fasersubstanz beschreibt. Diese Größe, die an anderer Stelle [4] als Bauschigkeitsgrad definiert wurde, soll in der vorliegenden Arbeit, neueren therminologischen Festlegungen folgend, als Bauschvolumenverhältnis bezeichnet werden.

## 2. *Verwendete Kurzzeichen*

$\delta_k$ Entkräuselung
$\alpha$ Kräuselungswinkel
$\varkappa$ Krümmung
$r$ Krümmungsradius
$z_B$ Bogenzahl
$h$ Bogenhöhe
$p_v$ Vorspann-Druck
$F_v$ Vorspann-Druckkraft
$F_{vi}$ Vorspann-Druckkraft je Kräuselelement
$\Delta h_v$ Durchbiegung
$l_i$ Integrationslänge, Bogenlänge des Kräuselelements
$dl$ Differential der Bogenlänge
$M$ Biegemoment
$x$ Abszisse
$\varphi$ Winkel
$d\varphi$ Differential des Winkels
$E$ Anfangsmodul
$J$ Flächenträgheitsmoment
$l_M$ Meßraumlänge
$b_M$ Meßraumbreite
$m$ Masse des Bauschs
$l_s$ Schnittlänge des Bauschs
$l$ Länge des entkräuselten Bauschs
$l_{ges}$ Gesamtfaserlänge im entkräuselten Bausch
$H_0$ fiktive Ausgangshöhe des Bauschs
$H_v$ Höhe des Bauschs unter Wirkung von $P_v$
$V_v$ Volumen des Bauschs unter der Wirkung von $P_v$
$V_S$ Substanzvolumen des Bauschs
$B$ Bauschvolumenverhältnis (Bauschigkeitsgrad)
$z_1$ Anzahl der Fasern bzw. Elementarfäden je Schicht
$z_2$ Anzahl der Schichten im Bausch
$z_{PF}$ Anzahl der Kraftangriffspunkte je Faser bzw. Elementarfäden
$z_{PS}$ Anzahl der Kraftangriffspunkte je Schicht
$Tt$ Faser- bzw. Elementarfadenfeinheit
$\varrho$ Dichte des Faserstoffes
$k_P$ Anteil wirksamer Kraftangriffspunkte
$k_F$ Konstante (Überlappung der Fasern bzw. Elementarfäden)
$k_S$ Konstante (Überlappung der Schichten)
$k_R$ Reibungskonstante
$k_1$ Konstante
$k_2$ Konstante
$B_0$ Konstante
$\gamma_-$ Winkel
$\gamma_0$ Vollwinkel

## 3. *Bemerkungen zur Bauschigkeitsprüfung*

Zum Verständnis der folgenden Ableitungen ist es zunächst erforderlich, das Prinzip der zugrunde gelegten Bauschigkeitsprüfung kurz zu erläutern. Die apparative Grundlage der Prüfung bildet das von *Friedemann* [1] beschriebene Prüfgerät, bei dem ein parallel geordnetes Faser- oder Fadenbüschel, auch kurz als Bausch bezeichnet, quer zur Längsrichtung der Fasern oder Fäden auf Druck beansprucht wird. Das geschieht durch zwei gegeneinander bewegliche Lamellensätze, die, im Gegensatz zur ursprünglichen Vorrichtung, einen Meßraum mit rechteckiger Querschnittsfläche einschließen. Dieses veränderte Lamellensystem[1]) bringt Vorteile beim Einlegen der Probe und bildet die Voraussetzung

[1]) Nach DWP 72401

Bild 1. Lamellensystem mit eingelegtem Bausch

für einen definierten Ausgangszustand des Bauschs und für seine anschließende Zusammendrückung mit konstanter Verformungsgeschwindigkeit. Bild 1 zeigt das Lamellensystem mit eingelegtem Bausch.

Zur Bestimmung des Bauschvolumenverhältnisses der zu prüfenden Probe wird ein Prüfling (Bausch) bestimmter Länge und Masse in den Meßraum eingelegt und so weit zusammengedrückt, daß ein Vorspanndruck von $p_v = 0{,}01$ p/mm$^2$ entsteht. Dabei ist unter Vorspanndruck die auf die Grundfläche des Meßraums bezogene Vorspannkraft zu verstehen. Grundsätzlich wäre es auch möglich, den Ausgangszustand des Bauschs so zu definieren, daß die Vorspannkraft auf die Substanzquerschnittsfläche des Prüflings bezogen wird. Untersuchungen haben jedoch gezeigt, daß sich in diesem Fall das Bauschvolumenverhältnis stark mit der Masse des Prüflings ändert, während im ersten Fall das Bauschvolumenverhältnis unabhängig von der Masse des Prüflings ist. Diese Feststellung ist insofern von Bedeutung, als es bei der unterschiedlichen Art und Voluminosität der verschiedenen zu prüfenden Proben nicht möglich ist, die Masse bzw. Porosität des Prüflings konstant zu halten.

Die Höhe des unter Vorspanndruck stehenden Bauschs $H_v$ wird gemessen. Zusammen mit der Meßraumbreite $b_M$ und der Schnittlänge $l_s$ ist damit das Volumen des Bauschs unter Vorspanndruck $V_v$ bestimmt:

$$V_v = b_M \cdot l_s \cdot H_v. \tag{1}$$

Das Substanzvolumen des Bauschs $V_S$ ist durch folgende Beziehung gegeben:

$$V_S = \frac{m}{\varrho}. \tag{2}$$

Entsprechend der obigen Definition ergibt sich aus (1) und (2) das Bauschvolumenverhältnis $B$:

$$B = \frac{Vv}{V_S} = \frac{b_M \cdot l_s \cdot \varrho \cdot H_v}{m}. \tag{3}$$

## 4. *Prüfmerkmale der Kräuselung*

Für die modellmäßige Beschreibung der Form der Fasern bzw. Elementarfäden und deren Anordnung im Bausch sind eine Anzahl von Merkmalen erforderlich, deren Beziehungen zueinander im folgenden zusammengestellt werden sollen. Auf ausführliche Erläuterungen kann dabei verzichtet werden, da die Thematik bereits in [5] behandelt wurde.

Die Merkmale beziehen sich auf eine aus gleichen, aneinandergesetzten Kreisbogen gebildete, ebene Kräuselung, wie sie im Bild 2 dargestellt ist.

Als Hauptmerkmale der Kräuselung werden für die Ableitung der Bauschigkeitsfunktion der Kräuselungswinkel $\alpha$ und der Krümmungsradius $r$ verwendet. Alle anderen Kräuselungsmerkmale werden durch die folgenden Beziehungen in diese beiden Merkmale übergeführt. Zwischen der Entkräuselung $\delta_k$ und $\alpha$ besteht der Zusammenhang

$$\delta_k = \frac{\alpha}{2 \sin \frac{\alpha}{2}} - 1. \tag{4}$$

Für die aus der Entkräuselungsarbeit abgeleitete Krümmung $\varkappa$ gilt

$$\varkappa = \frac{1}{r}. \tag{5}$$

Die Bogenzahl $z_B$, definiert als Anzahl der Kräuselbogen je Längeneinheit, ist durch die Beziehung

$$z_B = \frac{2}{2r \cdot \sin \frac{\alpha}{1}} \tag{6}$$

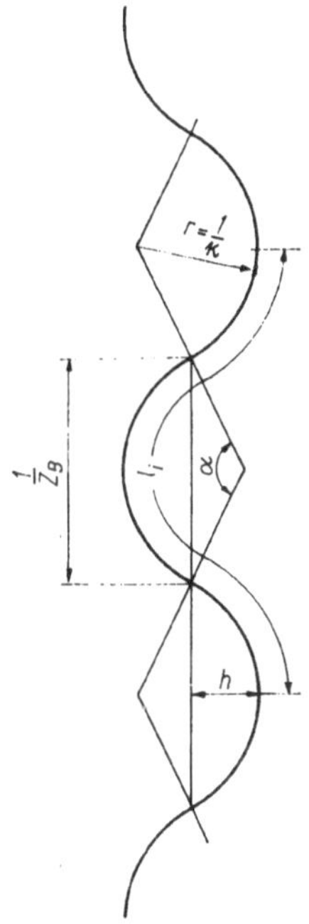


Bild 2. Vereinfachtes Modellbild der Kräuselung

mit $\alpha$ und $r$ verbunden. Dabei wird festgelegt, daß das Kräuselelement, deren Länge $l_i$ im Bild 2 eingetragen ist, aus zwei Kräuselbogen besteht.

Für die Bogenhöhe $h$, auch als Amplitude der Kräuselung bezeichnet, findet man die Beziehung

$$h = r\left(1 - \cos\frac{\alpha}{2}\right). \tag{7}$$

Die Beziehung (4) sowie die Funktionen $\sin \alpha/2 = f(\delta_k)$ und $(1 - \cos \alpha/2) = f(\delta_k)$ sind in [5] grafisch dargestellt, so daß die erforderlichen Größen aus der Krümmung und der Entkräuselung ohne großen Rechenaufwand ermittelt werden können.

## 5. *Ableitung der Bauschigkeitsfunktion*

### *5.1. Modell des Bauschs*

Für die folgenden Betrachtungen wird ein Modell des Bauschs angenommen, das sich aus Schichten von Fasern bzw. Elementarfäden der Form nach Bild 2 zusammensetzt. Es wird vorausgesetzt, daß die Verteilung der Fasern im Bausch homogen ist.

Im Bild 3 ist das Modell des Bauschs im Längsschnitt (linke Darstellung) und Querschnitt dargestellt. Im Längsschnitt sind in der untersten Schicht mehrere

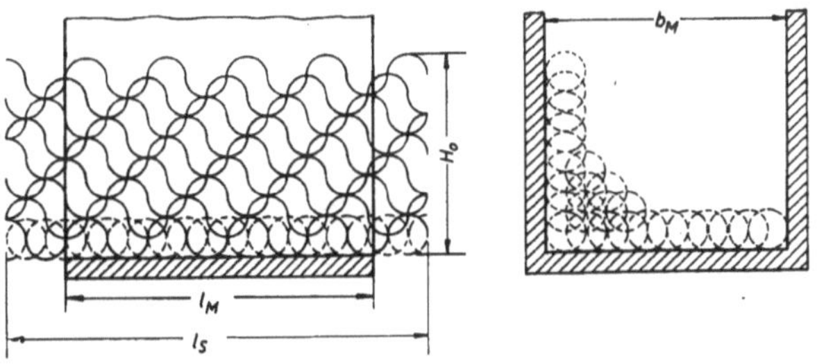


Bild 3. Modellbild des Bausches in der Meßkammer

hintereinanderliegende Fasern angedeutet, während bei den darüberliegenden Schichten wegen der besseren Übersicht jeweils nur eine Faser dargestellt ist. Abweichend von der Darstellung im Längsschnitt, bei dem die Kräuselung in vertikalen Ebenen verläuft, wird bei der folgenden Betrachtung berücksichtigt, daß die Kräuselbogen in Ebenen verschiedener Neigung verlaufen. Die an die gekräuselte Faser gelegte Hüllfläche schließt im Idealfall einen Zylinder mit dem Radius $h$ ein. Die Querschnitte dieser Zylinder sind im rechten Teil des Bildes 3 durch gestrichelte Kreise angedeutet und lassen erkennen, wie die benachbarten Fasern einer Schicht und die benachbarten Schichten ineinandergreifen, einander überlappen.

Ohne diese Überlappung wäre die Anzahl der Fasern einer Schicht allein durch die Meßraumbreite $b_M$ und den Kräuseldurchmesser $2h$ bestimmt. Durch die Überlappung der Fasern erhöht sich die Anzahl der Fasern je Schicht, was durch Einführung der Konstanten $k_F$ berücksichtigt wird:

$$z_1 = \frac{k_F \cdot b_M}{2h}. \qquad (8)$$

Analog hierzu ergibt sich für die Anzahl der Schichten

$$z_2 = \frac{k_S \cdot H_0}{2h}. \qquad (9)$$

Hierbei ist $H_0$ eine fiktive Größe, die der Höhe des spannungslos in den Meßraum eingelegten Bauschs entspricht. Sie ist nicht meßbar und muß im folgenden geschätzt werden. Für die Überlappung der Schichten wurde eine neue Konstante $k_S$ eingeführt, da im Zustand des Bauschs unter Vorspanndruck, bei dem die Konstanten später experimentell zu bestimmen sind, zunächst $k_F \neq k_S$ angenommen werden muß.

Unter der Wirkung des Vorspanndrucks wird der Bausch von der Höhe $H_0$ auf die Höhe $H_v$ zusammengedrückt. Dabei wird die Verformung des Bauschs zum Teil auf einer zunehmenden Überlappung der Faserschichten und zum Teil auf einer direkten Verformung der Kräuselbogen beruhen. Die im einzelnen auftretenden Verformungen sind auf Grund der unterschiedlichen Größe, Form und Lage der Kräuselbogen und ihrer gegenseitigen Berührung und Verhakung sehr vielfältig; vorwiegend werden es aber Torsionen der Kräuselbogen um die Faserachse und Biegungen im Kräuselbogen sein, wobei angenommen werden muß, daß die Kräuselbogen nicht nur aufgebogen werden, sondern auch Stellen flacher Kräuselung in Richtung zunehmender Krümmung verformt werden. Für die Berechnung der Bauschigkeitsfunktion werden jedoch vereinfachend nur die Durchbiegung der in vertikalen Ebenen liegenden Kräuselbogen berücksichtigt. Diese Näherung erscheint insofern zulässig, als diese Kräuselbogen die Kraft zuerst aufnehmen und die Verformungen der in anderen Ebenen liegenden Kräuselbogen im wesentlichen erst bei Kräften auftreten werden, die viel höher als die Vorspann-Druckkraft liegen.

Die durch den oberen Lamellensatz auf den Bausch ausgeübte Vorspann-Druckkraft $F_v$ verteilt sich auf die äußeren Bogen der obersten Faserschicht. Die Anzahl der Kraftangriffspunkte je Faser $z_{PF}$ ergibt sich aus der Bogenzahl $z_B$ und der Meßraumlänge $l_M$:

$$z_{PF} = \frac{k_P \cdot l_M \cdot z_B}{2}, \qquad (10)$$

wobei durch den Faktor $k_P$ berücksichtigt wird, daß nur der Anteil der in vertikaler Ebene liegenden Kräuselbogen an der Kraftaufnahme beteiligt ist. Aus (8) und (10) ergibt sich dann die Anzahl der Kraftangriffspunkte je Faserschicht

$$z_{PS} = \frac{k_F \cdot k_P \cdot b_M \cdot l_M \cdot z_B}{4h}. \qquad (11)$$

Auf $z_{PS}$ verteilt sich die einwirkende Vorspann-Druckkraft. Die Kraft je Kraftangriffspunkt $F_{vi}$ beträgt demnach

$$F_{vi} = \frac{4 \cdot k_R \cdot h \cdot F_v}{k_F \cdot k_P \cdot b_M \cdot l_M \cdot z_B}. \qquad (12)$$

Hierbei wurde eine zusätzliche Konstante $k_R$ eingeführt, die den Reibungsverlust im Bausch berücksichtigen soll.

Unter der Wirkung von $F_{vi}$ erfolgt eine Durchbiegung des Kräuselelements, d. h. eine Höhenänderung $\Delta h_v$ gegenüber der ursprünglichen Höhe des Kräuselelements $2h$ (vgl. Abschnitt 5.2). Unter der Voraussetzung, daß die Reaktionskraft einer Faserschicht gleich der auf die darunterliegende Schicht wirkenden Aktionskraft ist und damit die Durchbiegung $\Delta h_v$ in allen Schichten gleich ist, läßt sich die Höhe des Bauschs $H_v$ unter der Wirkung von $F_v$ aus dem Höhenverhältnis einer Schicht bestimmen:

$$\frac{H_v}{H_0} = \frac{2h - \Delta h_v}{2h}. \qquad (13)$$

Nach $H_v$ aufgelöst und in (3) eingesetzt, ergibt sich damit folgende Beziehung für das Bauschvolumenverhältnis:

$$B = \frac{b_M \cdot l_s \cdot \varrho \cdot H_0(2h - \Delta h_v)}{2m \cdot h}. \qquad (14)$$

Die Bestimmung von $H_0$ erfolgt im Abschnitt 5.3.

### *5.2. Kraftwirkung am Kräuselelement*

Zur Bestimmung der Durchbiegung $\Delta h_v$ unter der Wirkung von $F_{vi}$ sei das in Bild 4 skizzierte Kräuselelement betrachtet. Für die Berechnung wurde das

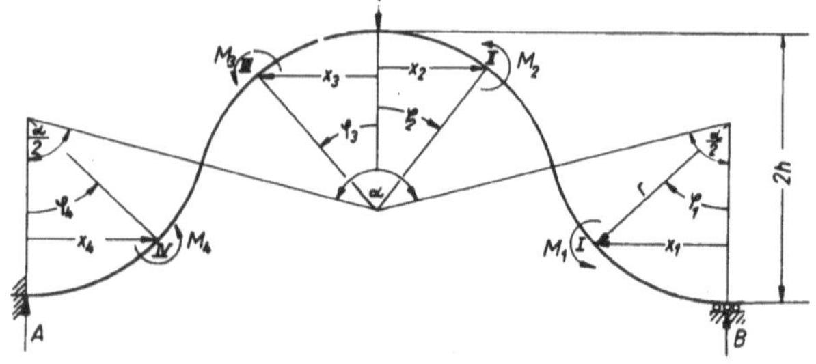


Bild 4. Kraftwirkung am Kräuselelement

Modell eines entsprechend den Kräuselparametern gekrümmten Stabes mit kreisförmiger Querschnittsfläche gewählt, der auf einer Seite fest eingespannt und auf der anderen Seite beweglich gelagert ist. Für diesen nur angenähert zutreffenden Belastungsfall ergibt sich die Durchbiegung am Angriffspunkt von $F_{vi}$ nach dem Satz von *Castigliano* [6] wie folgt:

$$\Delta h_v = \int_0^{li} \frac{M \dfrac{\delta M}{\partial F_{vi}}}{E \cdot J}\, dl. \tag{15}$$

Die Momentengleichungen für die Schnittstellen I bis IV lauten

$$M_1 = -B \cdot x_1,$$
$$M_2 = -B\left(2r \cdot \sin\frac{\alpha}{2} - x_2\right), \tag{16}$$
$$M_3 = -B\left(2r \cdot \sin\frac{\alpha}{2} + x_3\right) + F_{vi} \cdot x_3,$$
$$M_4 = -B\left(4r \cdot \sin\frac{\alpha}{2} - x_4\right) + F_{vi}\left(2r \cdot \sin\frac{\alpha}{2} - x_4\right).$$

Diese nehmen unter Verwendung der Beziehung für die Gleichgewichtsbedingung

$$A = B = \frac{F_{vi}}{2} \tag{17}$$

und der Koordinatenbeziehung

$$x_j = r \cdot \sin\varphi_j \tag{18}$$

folgende Gestalt an:

$$M_1 = -\frac{1}{2} F_{vi} \cdot r \cdot \sin\varphi_1,$$
$$M_2 = F_{vi} \cdot r\left(\frac{1}{2}\sin\varphi_2 - \sin\frac{\alpha}{2}\right), \tag{19}$$
$$M_3 = F_{vi} \cdot r\left(\frac{1}{2}\sin\varphi_3 - \sin\frac{\alpha}{2}\right),$$
$$M_4 = -\frac{1}{2} F_{vi} \cdot r \cdot \sin\varphi_4.$$

Die partiellen Ableitungen der Momente nach der äußeren Kraft $F_{vi}$ lauten

$$\frac{\delta M_1}{\partial F_{vi}} = -\frac{1}{2} r \cdot \sin\varphi_1,$$
$$\frac{\delta M_2}{\partial F_{vi}} = r\left(\frac{1}{2}\sin\varphi_2 - \sin\frac{\alpha}{2}\right), \tag{20}$$
$$\frac{\delta M_3}{\partial F_{vi}} = r\left(\frac{1}{2}\sin\varphi_3 - \sin\frac{\alpha}{2}\right),$$
$$\frac{\delta M_4}{\partial F_{vi}} = -\frac{1}{2} r \cdot \sin\varphi_4.$$

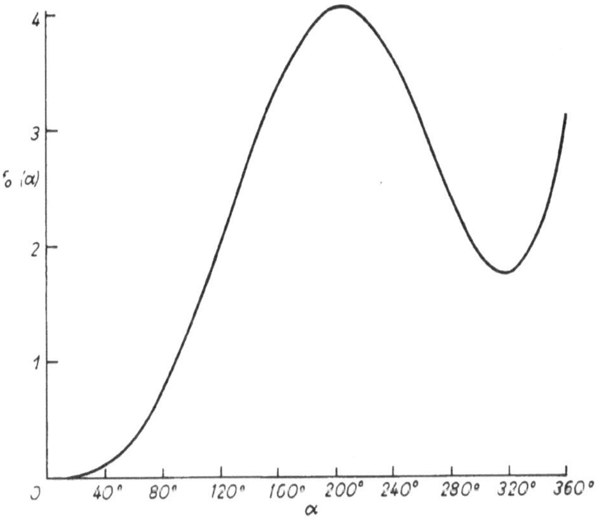


Bild 5. $f_0(\alpha)$ in Abhängigkeit vom Kräuselungswinkel $\alpha$

Nach Einsetzen von (19) und (20) in (15) und Umformung des Differentials entsprechend

$$dl = r \cdot d\varphi \tag{21}$$

und anschließender Integration der vier Glieder in den Grenzen $0 \cdots \alpha/2$ ergibt sich schließlich folgender Ausdruck für die Durchbiegung des Kräuselelements:

$$\Delta h_v = \frac{F_{vi} \cdot r^3}{2E \cdot J}\left(\frac{\alpha}{2} + \frac{3}{2}\sin\alpha - 4\sin\frac{\alpha}{2} + 2\alpha \cdot \sin^2\frac{\alpha}{2}\right). \tag{22}$$

Die Durchbiegung ist demnach in starkem Maße vom Krümmungsradius der Kräuselung und vom Kräuselungswinkel abhängig, außerdem über die Größen $E$ und $J$ von der Feinheit, der Dichte und vom Anfangs-Kraft-Dehnungsverhalten. Die in Klammern stehende Funktion von $\alpha$ ist im Bild 5 als $f_0(\alpha)$ über $\alpha$ aufgetragen. Sie besitzt ein absolutes Maximum bei 197,5°, ein relatives Minimum bei 318° und nimmt für $\alpha = 360°$ den Wert $\pi$ an.

Ersetzt man noch in (22) $F_{vi}$ durch (12), so erhält man die Durchbiegung in Abhängigkeit von der Vorspanndruckkraft

$$\Delta h_v = \frac{2k_R \cdot F_v \cdot h \cdot r^3}{k_F \cdot k_P \cdot b_M \cdot l_M \cdot z_B \cdot E \cdot J}\left(\frac{\alpha}{2} + \frac{3}{2}\sin\alpha - 4\sin\frac{\alpha}{2} + 2\alpha \cdot \sin^2\frac{\alpha}{2}\right). \tag{23}$$

#### *5.3. Bestimmung von $H_0$*

In der Gleichung (14) für das Bauschvolumenverhältnis ist die Ausgangshöhe des Bauschs $H_0$ als Unbekannte enthalten. $H_0$ ist unter definierten Bedingungen nicht meßbar, läßt sich jedoch näherungsweise berechnen. Dazu stehen zunächst wieder die Beziehungen (8) und (9) zur Verfügung. Eine weitere Gleichung erhält man, wenn man das Produkt aus $z_1$

und $z_2$, d. h. die Anzahl der Fasern im Bausch, mit der Länge des entkräuselten Bauschs $l$ multipliziert:

$$l_{ges} = z_1 \cdot z_2 \cdot l. \tag{24}$$

Die Gesamtlänge der Fasern im Bausch läßt sich durch die Feinheit und die Masse des Prüflings ausdrücken,

$$l_{ges} = \frac{m}{Tt}, \tag{25}$$

und $l$ durch die Schnittlänge des Bauschs und die Entkräuselung

$$l = (1 + \delta_k)\, l_s. \tag{26}$$

Setzt man (8), (9), (25) und (26) in (24) ein und löst nach $H_0$ auf, so ergibt sich

$$H_0 = \frac{4m \cdot h^2}{k_F \cdot k_S \cdot b_M \cdot Tt \cdot l_s(1 + \delta_k)}. \tag{27}$$

*5.4. Formulierung der Bauschigkeitsfunktion*

Die in den Abschnitten 5.2 und 5.3 abgeleiteten Größen $\Delta h_v$ (23) und $H_0$ (27) werden nun in (14) eingesetzt, und es ergibt sich für das Bauschvolumenverhältnis

$$B = \frac{4\varrho \cdot h^2}{k_F \cdot k_S \cdot Tt(1 + \delta_k)} \left[1 - \frac{k_R \cdot F_v \cdot r^3}{k_F \cdot k_P \cdot b_M \cdot l_M \cdot z_B \cdot E \cdot J} \times \left(\frac{\alpha}{2} + \frac{3}{2}\sin\alpha - 4\sin\frac{\alpha}{2} + 2\alpha \cdot \sin^2\frac{\alpha}{2}\right)\right]. \tag{28}$$

Durch Umwandlung der verschiedenen Kräuselungsparameter in die Hauptmerkmale $r$ und $\alpha$ mit Hilfe der Formeln (4), (6) und (7) erhält man nach Zusammenfassung der Glieder mit $\alpha$

$$B = \frac{8 \cdot \varrho \cdot r^2}{k_F \cdot k_S \cdot Tt} \cdot f_1(\alpha) \times \left[1 - \frac{k_R \cdot F_v \cdot r^4}{k_F \cdot k_P \cdot b_M \cdot l_M \cdot E \cdot J} \cdot f_2(\alpha)\right], \tag{29}$$

wobei für $f_1(\alpha)$ und $f_2(\alpha)$ folgende Ausdrücke zu stehen haben:

$$f_1(\alpha) = \frac{\sin\frac{\alpha}{2}\left(1 - \cos\frac{\alpha}{2}\right)^2}{\alpha}, \tag{30}$$

$$f_2(\alpha) = \alpha \cdot \sin\frac{\alpha}{2} + 3\sin\alpha \cdot \sin\frac{\alpha}{2} - 8\sin^2\frac{\alpha}{2} + 4\alpha \cdot \sin^3\frac{\alpha}{2}. \tag{31}$$

Die Funktionen von $\alpha$ (30) und (31), die wesentlichen Einfluß auf $B$ ausüben, sind in den Bildern 6 und 7 dargestellt. Hervorzuheben ist der Unterschied zwischen den im Anfangsbereich ähnlichen Kurven $f_0(\alpha)$ und $f_2(\alpha)$. Während $f_0(\alpha)$ nach dem Maximum ein Minimum durchläuft und schließlich für $\alpha = 360°$ den Wert $\pi$ annimmt, geht $f_2(\alpha)$ nach dem Maximum monoton gegen Null. Diese Abweichung ist bedingt durch den Faktor $\sin\alpha/2$, der in $z_B$ und damit in (12) enthalten ist. Dadurch kommt zum Ausdruck, daß die Kraft $F_{vi}$ für $\alpha = 360°$ verschwindet, so daß in diesem Fall im Gegensatz zum Funktionsverlauf nach (22) bzw. gemäß $f_0(\alpha)$ keine Durchbiegung auftritt.

In diesem nur theoretisch interessanten Fall wäre nämlich die Bogenzahl unendlich groß, so daß sich die Vorspannkraft auf unendlich viele Kräuselbogen verteilen würde. Praktisch tritt dieser Fall jedoch nicht ein, da die Entkräuselung kaum Werte über 400% entsprechend $\alpha = 297°$ annimmt.

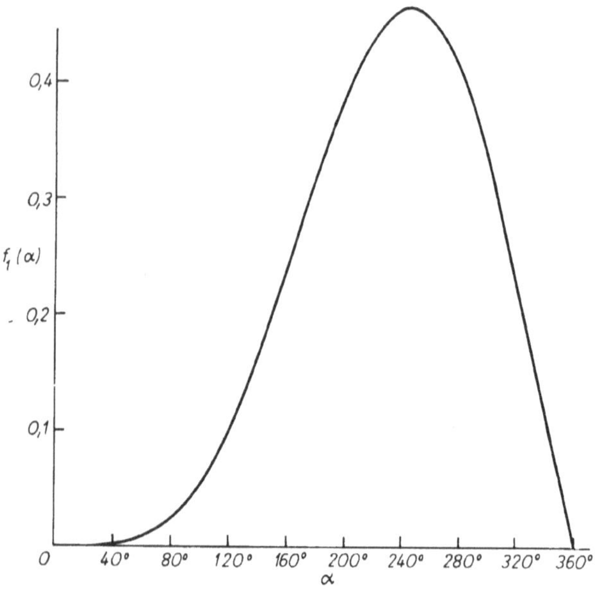


Bild 6. $f_1(\alpha)$ in Abhängigkeit vom Kräuselungswinkel $\alpha$

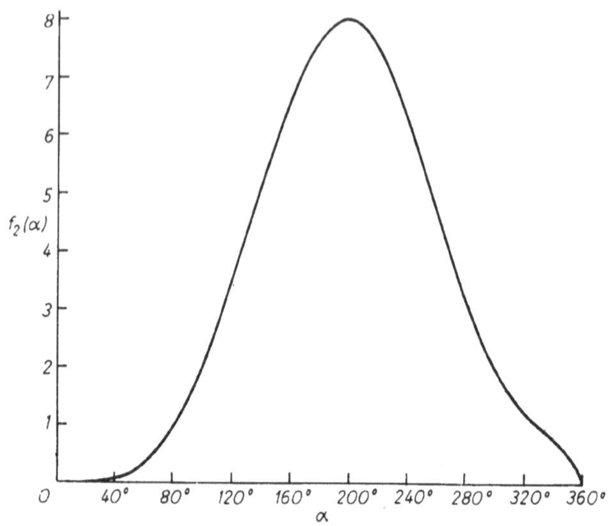


Bild 7. $f_2(\alpha)$ in Abhängigkeit vom Kräuselungswinkel $\alpha$

Faserforschung und Textiltechnik 23 (1972) Heft 3


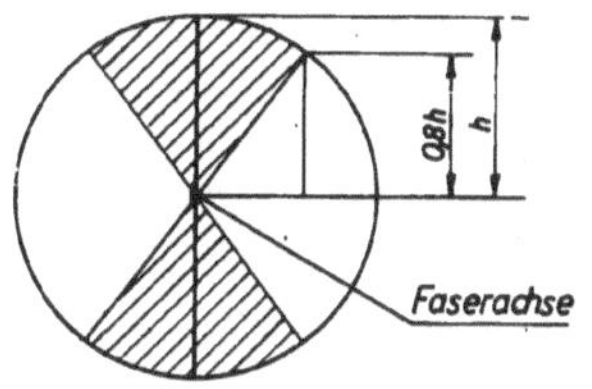


Bild 8. Näherungsweise Bestimmung von $k_p$

Bevor die abgeleitete Beziehung für das Bauschvolumenverhältnis weiter diskutiert wird, sind einige Betrachtungen zu den in (29) enthaltenen Konstanten erforderlich.

### *5.5. Bestimmung der Konstanten*

Von den in (29) enthaltenen unbekannten Konstanten $k_F$, $k_S$, $k_P$ und $k_R$ sei zunächst $k_P$ betrachtet, d. h. der Anteil der die Vorspanndruckkraft aufnehmenden Kräuselbogen. Unter der Annahme, daß sich die Kräuselbogen auf alle durch die Faserachse verlaufenden Ebenen mit gleicher Häufigkeit verteilen und daß Vertikalkomponenten der Bogenhöhe von > 0,8 h voll zur Kraftaufnahme beitragen, erhält man nach Bild 8 folgenden Schätzwert für $k_P$:

$$k_P = \frac{\gamma_-}{\gamma_0} \approx \frac{147^\circ}{360^\circ} \approx 0{,}4 \tag{32}$$

mit $\gamma_-$ = Winkel des schraffierten Bereichs,
$\gamma_0$ = Vollwinkel.

Ein Näherungswert für den Reibungseinfluß bei geringen Kräften wurde aus den Kraft-Verformungskurven der Bauschigkeitsprüfung gewonnen. Bild 9 zeigt eine typische Kraft-Verformungskurve für den ersten und zweiten Belastungszyklus. Die Kraftänderung, die sich aus dem Vergleich des zweiten mit dem ersten Zyklus bei einer Verformung ergibt, die der Vorspanndruckkraft entspricht, wurde als Reibungsverlust angesehen. Die Auswertung von Kurven verschiedener Faser- und Texturfadenproben ergab dafür Werte um 60% der Vorspanndruckkraft. Damit verbleiben für die Biegebeanspruchung des Bauschs nur etwa 40% von $F_v$, und es wurde $k_R \approx 0{,}4$ gesetzt. Auf Grund der angenäherten zahlenmäßigen Übereinstimmung der Konstanten $k_P$ und $k_R$ können beide zu einer Konstanten $k_1$ zusammengefaßt werden:

$$k_1 = \frac{k_P}{k_R} \approx 1. \tag{33}$$

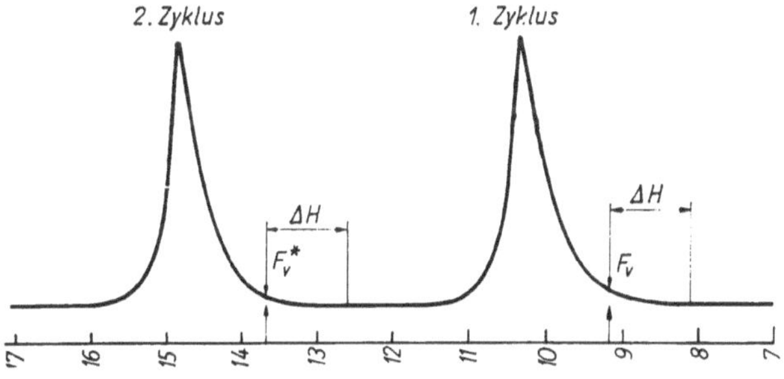


Bild 9. Kraft-Verformungskurven für den ersten und zweiten Belastungszyklus

Die Bestimmung der die Überlappung der Fasern bzw. Schichten kennzeichnenden Konstanten $k_F$ und $k_S$ erfolgte empirisch, indem die mit verschiedenen Werten von $k_F$ und $k_S$ berechneten Bauschvolumenverhältnisse mit den experimentell ermittelten Werten verglichen wurden. Dabei zeigte sich, daß die Wahl von $k_F \neq k_S$ keine grundsätzlich anderen Ergebnisse wie $k_F = k_S$ liefert. Da auch keine Abschätzung des Verhältnisses $k_F : k_S$ möglich ist, wurden diese beiden Konstanten ebenfalls zu einer Konstanten zusammengefaßt:

$$k_2 = k_F = k_S. \tag{34}$$

Die durchgeführten Berechnungen ergaben bei Stauchtexturfäden annähernd konstante Werte von $k_2 \approx 1{,}7$. Bei falschdrahttexturierten Seiden, Bikomponenten-Seiden und Fasern zeigte sich jedoch eine Abhängigkeit der Konstanten $k_2$ vom Kräuselungswinkel. Mit zunehmendem $\alpha$ steigt $k_2$ linear an (Bild 10). Eine eindeutige Erklärung für diese Ergebnisse ist schwer möglich. Es scheint jedoch, daß die Bewegungsmöglichkeit der Fasern im Bausch größer ist als die der Elementarfäden im Fadenbündel, so daß sich die Fasern mehr ineinanderschieben können als zum Beispiel die Elementarfäden der Stauchtextur-Seiden. Da jedoch für falschdrahttexturierte Seiden ein ähnlicher Konstantenverlauf wie für Fasern gefunden wurde, müssen noch andere Einflüsse wirksam sein. Möglicherweise kommt dafür die Feinheit der Fasern oder Elementarfäden in Betracht; denn sie liegt bei den Fasern und falschdrahttexturierten Seiden einerseits und bei den

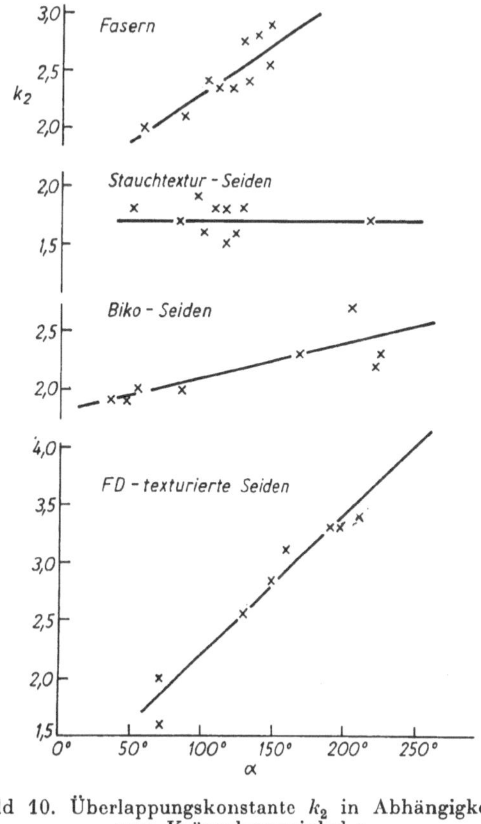


Bild 10. Überlappungskonstante $k_2$ in Abhängigkeit vom Kräuselungswinkel $\alpha$

vorwiegend als Monofile vorliegenden Bikomponenten-Seiden und Stauchtextur-Seiden andererseits jeweils in einem Feinheitsbereich. Ferner kann die Feinheit der polyfilen Fäden eine Rolle spielen. Bei sehr dicken und runden Fäden, wie sie in den Stauchtextur-Seiden des Grobtyps vorliegen, können unausgefüllte Räume zwischen den Fäden im Bausch verbleiben, die ein scheinbar größeres Volumen hervorrufen. Bei der Art und Weise, wie die Konstanten ermittelt wurden, würden sich dadurch kleinere Werte für $k_2$ ergeben.

Der Vergleich der berechneten mit den experimentell ermittelten Bauschvolumenverhältnissen ließ erkennen, daß in die Beziehung (29) noch ein additives Glied $B_0$ eingefügt werden mußte, das berücksichtigt, daß sich auch bei vollkommen schlichten Proben ein Bauschvolumenverhältnis $B > 0$ ergibt. Durch einige Prüfungen an schlichten Fasern und Seiden wurde festgestellt, daß $B_0 \approx 8$ gewählt werden mußte. Mit der Einführung von $B_0$ und unter Zusammenfassung der Konstanten erhält man aus (29) schließlich die endgültige Gleichung für das Bauschvolumenverhältnis.

$$B = B_0 + \frac{8\,\varrho \cdot r^2}{k_2^2 \cdot Tt} f_1(\alpha) \times \left[1 - \frac{F_v \cdot r^4}{k_1 \cdot k_2 \cdot b_M \cdot l_M \cdot E \cdot J} f_2(\alpha)\right]. \qquad (35)$$

*6. Diskussion der Bauschigkeitsfunktion*

Im folgenden soll der Einfluß der verschiedenen, in (35) enthaltenen textilphysikalischen Parameter auf das Bauschvolumenverhältnis untersucht werden. Dabei sind die Größen $B_0 = 8$, $k_1 = 1$, $b_M = 12$ mm, $l_M = 15{,}3$ mm und $F_v = 1{,}84\,p$ entsprechend $p_v = 0{,}01$ p/mm² für alle Untersuchungen konstant.

Von wesentlichem Einfluß auf das Bauschvolumenverhältnis ist in (35) der gesamte Term vor dem in Klammern gesetzten Ausdruck. In vielen Fällen erhält man damit bereits einen guten Näherungswert für $B$. Der Ausdruck in der Klammer besitzt in diesen Fällen nahezu den Wert 1. Er kann aber auch Werte bis herunter zu 0,6 annehmen und damit stärkeren Einfluß auf $B$ gewinnen. Das trifft besonders bei großem Krümmungsradius zu, da dieser mit der vierten Potenz in die Berechnung eingeht.

Als erstes sei der Einfluß des Kräuselungswinkels auf das Bauschvolumenverhältnis betrachtet. Die Berechnungen wurden für PA-S mit $\varrho = 1{,}14$ g/cm³, einer Elementarfadenfeinheit von 2 tex und einem angenommenen Anfangsmodul von 50 kp/mm² durchgeführt. Für 2 tex ergibt sich unter der näherungsweisen Annahme eines runden Elementarfadenquerschnitts ein Flächenträgheitsmoment von $J = 245\,000\ \mu m^4$. Der Krümmungsradius wurde mit $r = 0{,}5$ mm zunächst ebenfalls konstant gewählt, obwohl das, wie noch gezeigt wird, nicht den tatsächlichen Verhältnissen entspricht. Der Verlauf von $B$ in Abhängigkeit von $\alpha$ ist im Bild 11 für Stauchtextur- und Bikomponentenfäden dargestellt. Die verschiedenen Werte von $\alpha$ zugeordneten Entkräuselungen $\delta_k$ sind zur besseren Vorstellung mit angegeben. Das Bauschvolumenverhältnis steigt zunächst mit $\alpha$ an. Nach Durchlaufen eines Maximums im Bereich von $\alpha \approx 250°$ fällt es dann rasch wieder ab. Der unterschiedliche Verlauf beider Kurven ist bedingt durch die Konstante $k_2$, die den entsprechenden Kurven des Bildes 10 entnommen wurde.

Als nächstes soll der Einfluß des Krümmungsradius auf das Bauschvolumenverhältnis bei konstant gehaltenem Kräuselungswinkel $\alpha = 90°$ entsprechend $\delta_k \approx 10\%$ untersucht werden. Die übrigen Parameter wurden wie im vorangegangenen Beispiel gewählt. Der Verlauf von $B$ ist im Bild 12 dargestellt. Auch hier durchläuft $B$ nach anfangs nahezu linearem Anstieg ein Maximum, um dann sehr rasch wieder abzusinken.

Wie bereits angedeutet, werden die beiden Darstellungen 11 und 12 den praktischen Verhältnissen

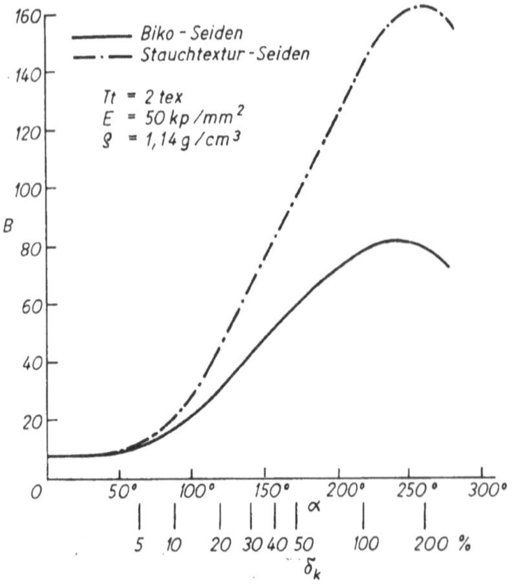


Bild 11. Bauschvolumenverhältnis $B$ in Abhängigkeit vom Kräuselungswinkel $\alpha$ für $r$ = konstant

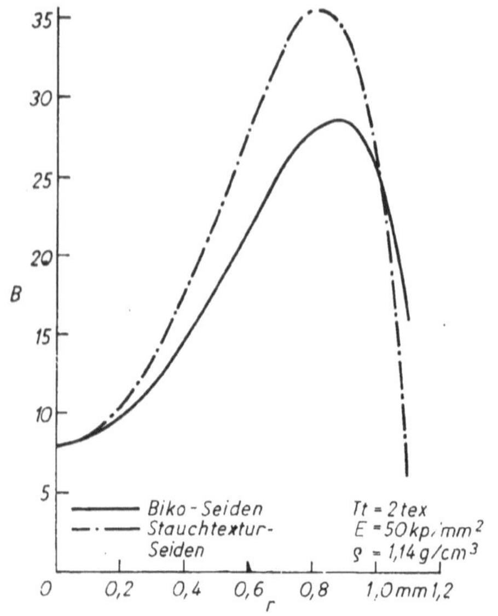


Bild 12. Bauschvolumenverhältnis $B$ in Abhängigkeit vom Krümmungsradius $r$ für $\alpha$ = konstant

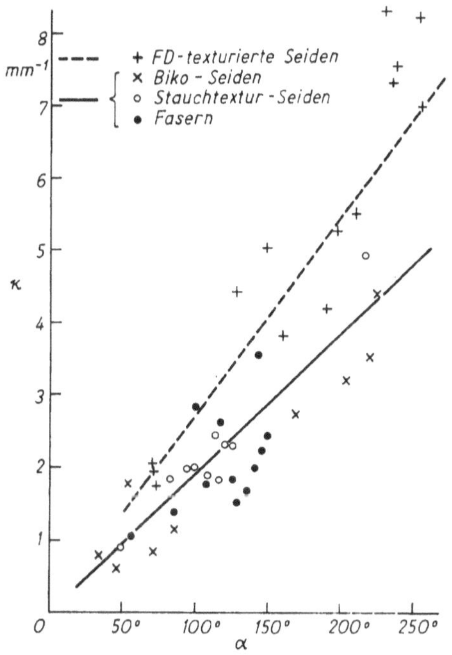


Bild 13. Zusammenhang zwischen Kräuselungswinkel $\alpha$ und Krümmung $K$

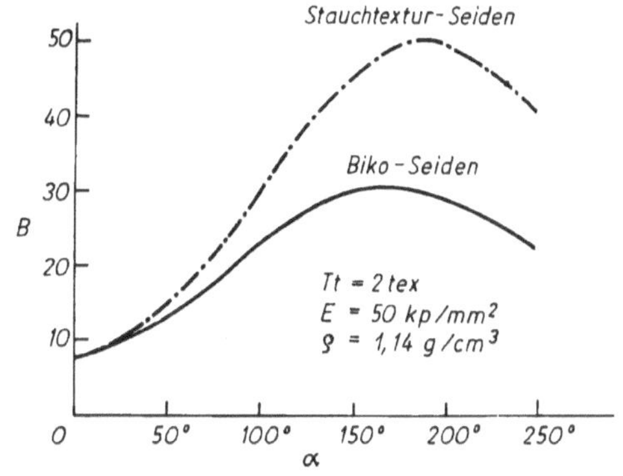


Bild 14. Bauschvolumenverhältnis $B$ in Abhängigkeit vom Kräuselungswinkel $\alpha$ für $\alpha = f(r)$

nicht ganz gerecht, da die Größen $\alpha$ und $r$ so variiert wurden, als seien sie unabhängig voneinander. In Wirklichkeit besteht zwischen $\alpha$ und $r$ ein Zusammenhang, der zwar nicht im physikalischen Sinne streng ist, der jedoch bei der Betrachtung entsprechende Berücksichtigung finden muß. Im Bild 13 ist der Zusammenhang zwischen $\alpha$ und $\varkappa$ einer größeren Anzahl von Proben dargestellt. Es ist zu erkennen, daß ein linearer Zusammenhang zwischen beiden Größen besteht, wobei die falschdrahttexturierten Seiden sich deutlich von der Gruppe der anderen Proben unterscheiden und sich durch größere Krümmung bei gleichem Kräuselungswinkel auszeichnen. Der lineare Zusammenhang zwischen $\alpha$ und $\varkappa$ bedeutet wegen $\varkappa = 1/r$, daß ein hyperbolischer Zusammenhang zwischen $\alpha$ und $r$ besteht. Im Bild 13 wurde jedoch absichtlich die Krümmung verwendet, da sich bei linearem Kurvenverlauf leichter die Ausgleichskurve einzeichnen läßt und auch eine Extrapolation ohne Schwierigkeiten möglich ist.

Unter Berücksichtigung des aus Bild 13 abgeleiteten Zusammenhangs zwischen $\alpha$ und $r$ wurde nun erneut das Bauschvolumenverhältnis für verschiedene Werte von $\alpha$ berechnet. Der Kurvenverlauf ist im Bild 14 dargestellt. Vergleicht man mit Bild 11, erkennt man, daß $B$ wesentlich niedriger ausfällt und das Maximum bedeutend früher, bereits bei $\alpha \approx 160°$ erreicht wird. Im Bild 15 ist der gleiche Sachverhalt in Abhängigkeit von dem anschaulicheren Prüfmerkmal Entkräuselung dargestellt. Hieraus wird noch deutlicher ersichtlich, daß nur im niedrigen Kräuselungsbereich das Bauschvolumenverhältnis mit der Entkräuselung rasch zunimmt. Nach Durchlaufen des Maximums bei $\delta_k \approx 45\%$ sinkt $B$ mit zunehmender Entkräuselung und nähert sich asymptotisch dem Wert $B = B_0 = 8$.

Als nächstes soll der Einfluß der Faser- bzw. Elementarfadenfeinheit auf das Bauschvolumenverhältnis betrachtet werden. Gemäß (35) erwartet man auf den ersten Blick einen hyperbolischen Zusammenhang zwischen $B$ und $Tt$. Da aber $Tt$ auch in $J$ enthalten ist, besteht dieser Zusammenhang angenähert nur für große Werte von $Tt$, für die sich der Ausdruck in der Klammer dem Wert eins nähert (Bild 16). Für kleine Werte von $Tt$ gewinnt der Wert in der Klammer zunehmenden Einfluß auf $B$, so daß die Kurve steil abfällt. Dadurch kommt es zur Ausbildung eines Maximums im Bereich von 0,8 bis 1,0 tex. Für Feinheiten kleiner als 0,4 bis

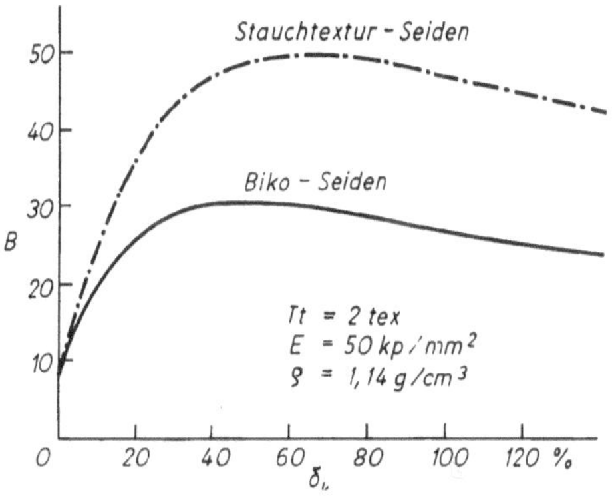


Bild 15. Bauschvolumenverhältnis $B$ in Abhängigkeit von der Entkräuselung $\delta_k$ für $\alpha = f(r)$

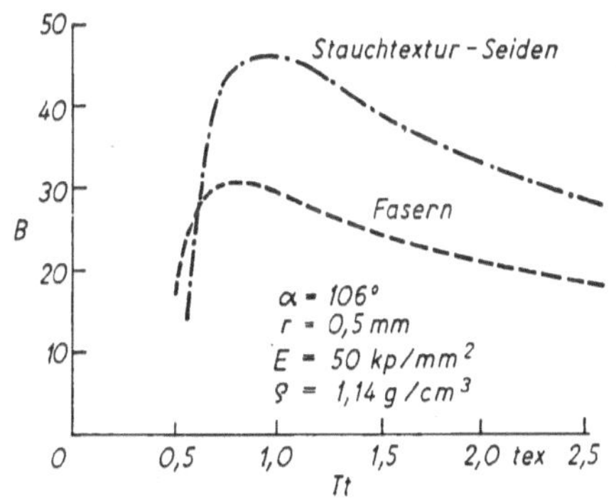


Bild 16. Bauschvolumenverhältnis $B$ in Abhängigkeit von der Faser-(Elementarfaden-)Feinheit $Tt$

0,5 tex würde $B$ nach Bild 16 negative Werte annehmen. Diese im Widerspruch zu den tatsächlichen Verhältnissen stehende Aussage ist auf die spezielle Wahl der anderen Parameter zurückzuführen, die mit $\alpha = 106°$, $r = 0{,}5$ mm und $E = 50$ kp/mm² für alle Feinheiten konstant gehalten wurden. Wie aus mehreren Prüfergebnissen bekannt ist, liegen jedoch die Werte des Krümmungsradius bei sehr feinen Elementarfäden beträchtlich niedriger als nach Bild 13 zu erwarten, so daß unter Benutzung dieser Werte die Berechnung positive Werte für $B$ ergibt.

Schließlich soll noch auf die Abhängigkeit des Bauschvolumenverhältnisses von der Dichte und vom Anfangsmodul eingegangen werden.

Zunehmende Dichte führt im Bereich textiler Faserstoffe von $\varrho = 1{,}0$ g/cm³ bis 1,6 g/cm³ zu einem annähernd linearen Anstieg von $B$. Der Einfluß von $\varrho$, der auch indirekt über $J$ wirksam ist, führt — konstanten Anfangsmodul vorausgesetzt — wieder zu einer Abnahme von $B$ bei höheren Werten von $\varrho$, so daß sich ein Maximum ausbilden würde. Da jedoch mit zunehmender Dichte im allgemeinen auch der Anfangsmodul ansteigt, kommt es praktisch nicht zur Ausbildung des Maximums, d. h. $B$ steigt auch bei größeren Dichten weiter an.

Der Anfangsmodul führt mit zunehmenden Werten zu einem leichten Anstieg des Bauschvolumenverhältnisses, das sich schließlich asymptotisch einem von den Kräuselungsparametern abhängigen Endwert nähert. Auf eine Darstellung kann hier verzichtet werden.

*Zusammenfassend* ist festzustellen, daß ohne genaue Durchrechnung ein Abschätzen des Bauschvolumenverhältnisses aus den Parametern der Fasern oder Elementarfäden schwer möglich ist. Selbst bei ausgewählten Proben, bei denen alle Parameter bis auf einen konstant sind, führt das wegen des nichtlinearen Verlaufs des Bauschvolumenverhältnisses zu Schwierigkeiten. Das in Abhängigkeit von fast allen Parametern auftretende Maximum von $B$ bildet offensichtlich die Ursache dafür, daß — wie im Abschnitt 1 erwähnt — verschiedene Autoren entgegengesetzt gerichtete Korrelationen zwischen bestimmten textilphysikalischen Parametern und dem jeweils betrachteten Bauschigkeitsmerkmal gefunden haben. Nach Bild 16 ist zum Beispiel im Bereich feiner Fasern ein Ansteigen des Bauschvolumenverhältnisses mit der Tex-Feinheit zu erwarten, während im Bereich sehr grober Fasern das Bauschvolumenverhältnis abnehmen wird.

Es sei noch bemerkt, daß diese Gesetzmäßigkeiten nur auf das Bauschvolumenverhältnis in dieser Form zutreffen. Bei anderer Definition des Bauschigkeitsmerkmals, z. B. bei Betrachtung der Bauschkraft oder Bauschspannung bei bestimmter Volumenänderung, sind sicher andere Beziehungen zu den textilphysikalischen Parametern der Fasern und Elementarfäden zu erwarten.

## 7. *Experimentelle Ergebnisse*

Zur experimentellen Bestätigung der mit (35) abgeleiteten Beziehung wurden von einer größeren Anzahl Faser- und Texturseidenproben die Kräuselungswerte und anderen textilphysikalischen Daten bestimmt, daraus nach (35) und unter Verwendung von $k_2$ entsprechend Bild 10 die Bauschvolumenverhältnisse berechnet und den experimentell ermittelten Bauschvolumenverhältnissen gegenübergestellt. Für die Kräuselungsentwicklung der Texturseiden wurde eine Heißwasserbehandlung bei Siedetemperatur angewendet. Die Bestimmung der Entkräuselung und der Krümmung erfolgte nach [5] bzw. [7], wobei für die feinheitsbezogene Vorspannkraft bei Fasern 0,005 p/tex, bei Stauchtexturseiden (Grobtyp) 0,003 p/tex, bei Biko- und falschdrahttexturierten Seiden 0,01 p/tex entsprechend den gültigen Prüfstandards gewählt wurde. Bei der Bestimmung des Bauschvolumenverhältnisses wurde ein Vorspanndruck von 0,01 p/mm² eingehalten. Texturseiden wurden nach der Entwicklung und einer Lagerdauer ohne Vorspannung von mindestens 15 h geprüft. Die Masse der Prüflinge entsprach einer Porosität des Bauschs von 98% bei Texturseiden und 99% bei Fasern. Da für die Berechnung des Bauschvolumenverhältnisses Kräuselungswerte benutzt wurden, die unter definierten, für die verschiedenen Probenarten aber unterschiedlichen Vorspannkräften ermittelt wurden, bei der Bauschigkeitsprüfung dagegen die Prüflinge im spannungslosen Zustand in die Meßkammer eingelegt und anschließend mit bei allen Proben gleichem Druck belastet werden, könnte ein unkontrollierbarer Fehler in der Berechnung von $B$ erwartet werden. Dieser Fehler wird aber bereits dadurch in seiner Wirkung reduziert, daß bei der Entlastung von Texturfäden der Kräuselungswinkel zunimmt, der Krümmungsradius dagegen abnimmt. Diese beiden Einflüsse heben sich aber nach (35) in ihrer Wirkung auf $B$ annähernd auf. Außerdem wird durch die Konstante $k_2$, die unter denselben Bedingungen ermittelt wurde, wie die Prüfung allgemein durchgeführt wird, der richtige Zusammenhang zwischen dem berechneten und dem experimentell ermittelten Bauschvolumenverhältnis hergestellt. Erfolgt jedoch gegenüber den oben angegebenen Daten eine Änderung der Prüfbedingungen bei der Texturfadenprüfung, besonders eine Änderung der Vorspannkraft, so ist eine Änderung der Konstanten $k_2$ oder deren Abhängigkeit von $\alpha$ zu erwarten.

Im Bild 17 sind die berechneten Bauschvolumenverhältnisse über den experimentell ermittelten Werten aufgetragen. Für den größten Teil der Proben ist eine gute Übereinstimmung zwischen $B_{exp}$ und $B_{rechn}$ festzustellen. Damit wird bestätigt, daß die abgeleitete Beziehung (35) die Abhängigkeit des Bauschvolumenverhältnisses von den verschiedenen textilphysikalischen Parametern in brauchbarer Weise beschreibt.

Einige falschdrahttexturierte Proben liegen jedoch beträchtlich außerhalb der allgemeinen Punktfolge (Bild 17). Sie weisen ein wesentlich höheres Bauschvolumenverhältnis $B_{exp}$ auf als theoretisch zu erwarten.

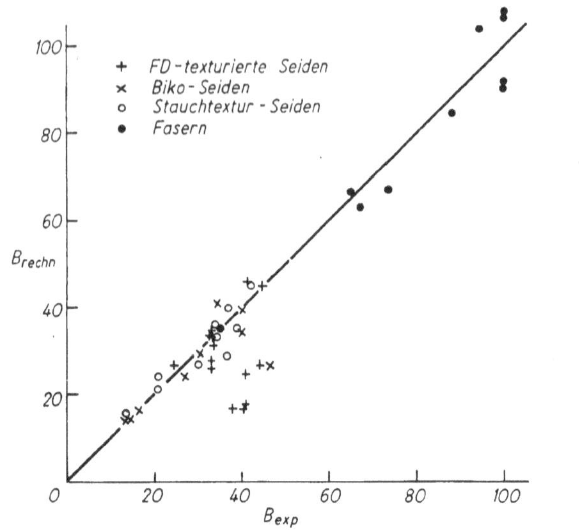


Bild 17. Vergleich der berechneten Bauschvolumenverhältnisse $B_{rechn}$ mit den experimentell ermittelten Werten $B_{exp}$

Es handelt sich um Proben sehr hoher Kräuselung, die sich nach Bild 13 durch besonders hohe Krümmung auszeichnen. Die näheren Untersuchungen zeigten, daß diese Proben stark zum Kringeln neigen und daß die für die Bauschigkeitsprüfung hergestellten Stränge bzw. die daraus gebildeten Prüflinge eine beträchtliche Drehungstendenz aufweisen. Um den Einfluß dieser Drehungstendenz auf die Prüfmerkmale zu erfassen, wurde von Proben mit geringer und starker Drehungstendenz die Bauschigkeitsprüfung sowohl bei üblicher Probenvorbereitung als auch unter weitgehender Verhinderung der Drehungstendenz geprüft. Bei der üblichen Probenvorbereitung werden aus Fadensträngen Abschnitte von 30 mm Länge herausgeschnitten und anschließend geprüft. Die herausgeschnittenen Prüflinge neigen wesentlich stärker zur Drehung als die Stränge. Zur Vermeidung der Drehungstendenz wurde daher der Strang in den Meßraum eingeführt und erst nach der Messung der entsprechende Fadenbündelabschnitt zur Massebestimmung herausgeschnitten.

Die Ergebnisse der nach beiden Methoden durchgeführten Prüfungen, die in Tabelle 1 angegeben sind, lassen keine einheitliche Tendenz erkennen. Die Proben mit im Strang geringer Drehungstendenz weisen bei der üblichen Probenvorbereitung ein niedrigeres Bauschvolumenverhältnis auf als bei der Prüfung mit Drehungsverhinderung. Dieses Verhalten entspricht der Erwartung, denn durch die Drehung wird der Prüfling eingeschnürt und damit sein Volumen reduziert. Dagegen führt bei der Probe mit starker Drehungstendenz die übliche Probenvorbereitung zu einem wesentlich höheren Bauschvolumenverhältnis. Diese Erscheinung ist vermutlich zum Teil darauf zurückzuführen, daß sich der zu einem zylinderförmigen Gebilde einschnürende Prüfling nicht gleichmäßig über die rechteckige Querschnittsfläche des Meßraums verteilen läßt, so daß Hohlräume zwischen dem Prüfling und der Meßraumbegrenzung verbleiben, die zu einer fehlerhaften Vergrößerung des Bauschvolumens führen.

Als weitere Ursache für das zu hohe Bauschvolumenverhältnis $B_{exp}$ muß die Kringelneigung unmittelbar im Faden angesehen werden. Sie führt zu der bekannten Erscheinung, daß in sich verdrehte Elementarfadenabschnitte stacheldrahtartig aus dem Faden herausstehen und dadurch der Überlappung der Elementarfäden innerhalb einer Schicht und zwischen den Schichten entgegenwirken. Für derartige Proben müßte also eine kleinere Konstante $k_2$ angesetzt werden. Damit kommt aber auch zum Ausdruck, daß die angewendeten Modellvorstellungen für hochdehnbare Falschdrahtseiden mit starker Drehungstendenz nur in beschränktem Maße zutreffen.

*Tabelle 1. Einfluß der Drehungstendenz der Prüflinge auf das Bauschvolumenverhältnis*

| Probenbezeichnung | Prüfling mit Drehungstendenz $B_{exp}$ | Drehungstendenz verhindert $B_{exp}$ |
|---|---|---|
| PA-S-t FD 10 tex (24) K 3 geringe Drehungstendenz | 36,9 | 41,8 |
| PA-S-t FD 10 tex (24) K 4 geringe Drehungstendenz | 38,1 | 45,0 |
| PA-S-t FD 10 tex (18) starke Drehungstendenz | 39,8 | 33,1 |

## *8. Bemerkungen zur Bauschkraft und Bauschspannung*

Wie einleitend schon angedeutet, ist das Bauschvolumenverhältnis nur eines von verschiedenen Merkmalen zur Beschreibung des Bauschverhaltens. Als weiteres Merkmal bietet sich die Kraft an, die für eine bestimmte Verformung des Bauschs erforderlich ist. Neben dieser als Bauschkraft bezeichneten Kraft kann auch die auf die Substanzquerschnittsfläche des Prüflings bezogene Größe, die Bauschspannung, als Prüfmerkmal Bedeutung gewinnen; insbesondere dann, wenn die Ergebnisse von Prüflingen unterschiedlicher Masse miteinander verglichen werden sollen. Wichtig für die Reproduzierbarkeit und Vergleichbarkeit der Ergebnisse ist es, daß bei der aufzubringenden Verformung von einem definierten Volumen des Prüflings ausgegangen wird. Das Volumen des Prüflings unter einer definierten geringen Vorspann-Druckkraft muß also bekannt sein, damit eine konstante relative Volumenänderung eingehalten werden kann. Für die Bestimmung der Bauschspannung im Rahmen dieser Arbeit wurde eine relative Volumenänderung von 60%, bezogen auf das Volumen des Bauschs unter einem Vorspanndruck von 0,01 p/mm$^2$, gewählt.

Analog zum Bauschvolumenverhältnis wurde auch für die Bauschspannung versucht, einen theoretischen Ansatz für die Berechnung dieser Größe aus den textilphysikalischen Daten der Fasern und Elementarfäden zu entwickeln. Die zu diesem Zweck aus den Beziehungen (12) und (22) abgeleitete und weiterentwickelte Funktion, nach der die Bauschspannung entgegengesetzt proportional dem Ausdruck $r^4 \cdot f_2(\alpha)$ sein müßte, konnte jedoch durch die experimentell ermittelten Bauschspannungen nicht bestätigt werden. Auch ein anderes Verformungsmodell, bei dem davon ausgegangen wurde, daß die Kräuselbogen unter Belastung des Bauschs in Ebenen parallel zur Grundfläche des Meßraums gedrückt werden, wobei also vorwiegend Torsionsbeanspruchungen auftreten, führte zu keiner brauchbaren Beziehung. Vermutlich liegt bei höherer Beanspruchung des Bauschs eine Überlagerung verschiedener Verformungsprinzipien der Faserkräuselung vor, so daß eine Beschreibung durch ein einfaches Verformungsmodell nicht mehr genügt. Außerdem ist anzunehmen, daß die vielfältigen Einflußgrößen, deren Einfluß bei der Bestimmung des Bauschvolumenverhältnisses vernachlässigt oder in Form von Konstanten berücksichtigt wurde, mit zunehmender Verformung des Bauschs eine so große Bedeutung gewinnen, daß ihre Vernachlässigung nicht mehr statthaft ist, ihr Einfluß aber auch so komplexer Natur ist, daß eine rechnerische Erfassung unmöglich wird. Es sei in diesem Zusammenhang auf Einflußgrößen wie Querschnittsform und Oberflächenbeschaffenheit der Fasern und Elementarfäden, Art und Menge von Präparation sowie Feinheit und Drehung des polyfilen Fadens verwiesen.

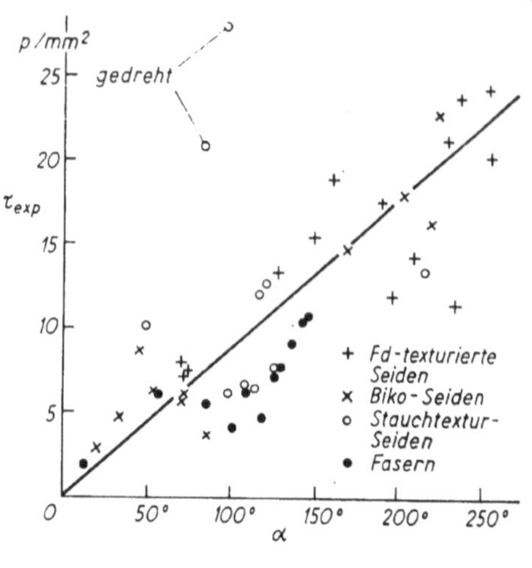


Bild 18. Bauschspannung $\tau_{exp}$ in Abhängigkeit vom Kräuselungswinkel $\alpha$

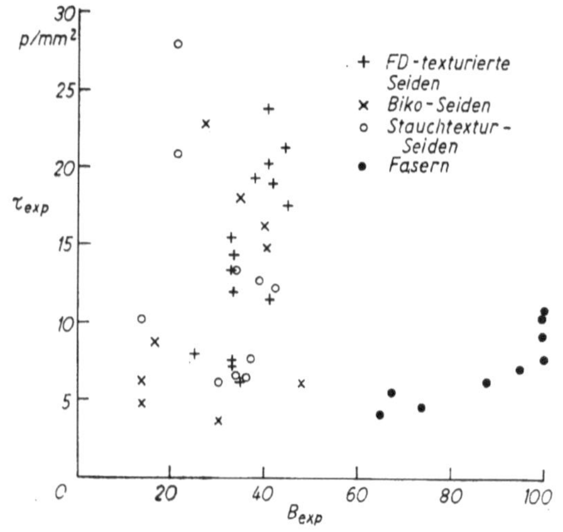


Bild 19. Bauschspannung $\tau_{exp}$ in Abhängigkeit vom Bauschvolumenverhältnis $B_{exp}$

Wenn auch aus diesen Gründen eine theoretische Betrachtung zur Bauschspannung nicht möglich war, sollen doch die zahlreich vorhandenen Versuchsergebnisse dazu dienen, den von *Friedemann* [1], *Mikut* [2] und anderen Autoren empirisch gefundenen Zusammenhang zwischen der Bauschkraft und der Einkräuselung oder Entkräuselung zu bestätigen. In Bild 18 sind die entsprechenden Größen Bauschspannung und Kräuselungswinkel gegeneinander aufgetragen. Zwischen beiden Größen ist ein guter Zusammenhang zu erkennen. Die Korrelationsrechnung ergab einen Korrelationskoeffizienten $r = 0{,}84$, der mit $S > 99{,}9\%$ statistisch gesichert ist.

Der Einfluß der Fadendrehung auf die Bauschspannung zeigt sich in Bild 18 deutlich an den beiden Stauchtextur-Proben mit extrem hoher Bauschspannung, die in die Korrelationsberechnung nicht mit einbezogen wurden. Es handelt sich um Fäden mit etwa 40 Dr/m, während alle anderen Proben dieser Gruppe ungedreht vorlagen.

Abschließend sollen noch die beiden in dieser Arbeit verwandten Bauschigkeitsmerkmale, die Bauschspannung und das Bauschvolumenverhältnis auf eine mögliche Beziehung zueinander betrachtet werden.

Die in Bild 19 gegeneinander aufgetragenen Werte lassen auf den ersten Blick keinen Zusammenhang zwischen beiden Größen erkennen. Es zeichnet sich jedoch ab, daß bei extrem hohen Werten der einen Größe keine hohen Werte der anderen Größe auftreten. Auch werden gewisse Bereiche deutlich, in denen die verschiedenen Proben vorwiegend auftreten. Fasern weisen ein hohes Bauschvolumenverhältnis bei geringer Bauschspannung auf. Falschdrahttexturierte Seiden liegen mit relativ hoher Bauschspannung in einem engen Bereich des Bauschvolumenverhältnisses. Die geprüften Stauchtexturseiden nehmen, abgesehen von den beiden gedrehten Proben, in beiden Richtungen einen geringen Bereich ein, was darauf zurückzuführen ist, daß es sich in allen Fällen um Grobtyp mit ähnlicher Fadenkonstruktion handelte.

Abgesehen von diesen Tendenzen besteht kein Zusammenhang zwischen dem Bauschvolumenverhältnis und der Bauschspannung, so daß es notwendig erscheint, zur Ermittlung des Kraft-Verformungs-Verhaltens von Bauschen beide Größen zu bestimmen.

## 9. *Zusammenfassung*

In der vorliegenden Arbeit wurde eine Beziehung abgeleitet, die es gestattet, das Bauschvolumenverhältnis von Fasern und Texturseiden aus den textilphysikalischen Prüfmerkmalen der Fasern und Elementarfäden zu berechnen. Den Betrachtungen wurde ein vereinfachtes Modell eines Bauschs aus parallel geordneten, gekräuselten Fasern zugrundegelegt, der unter einem senkrecht zur Faserrichtung wirkenden Vorspanndruck steht. Zur Beschreibung der Kräuselungsgeometrie wurde ein ebenes, aus aneinandergesetzten Kreisbogen bestehendes Modell verwendet. Die Verknüpfung mit dem räumlichen Modell des Bauschs erfolgte durch Einführung geeigneter Konstanten.

Die ermittelte Beziehung besagt, daß das Bauschvolumenverhältnis in der Hauptsache von den Prüfmerkmalen der Kräuselung abhängig ist. Weitere wesentliche Einflußgrößen bilden die Faser- oder Elementarfadenfeinheit, die Faserstoffdichte und der Anfangsmodul aus der Kraft-Dehnungskurve. Bemerkenswert ist, daß das Bauschvolumenverhältnis in Abhängigkeit von der Entkräuselung und von der Feinheit der Fasern oder Elementarfäden jeweils ein Maximum durchläuft, dessen Lage von den übrigen Parametern und von der Art der betrachteten Proben bestimmt wird.

Das Ziel der durchgeführten Arbeit war es nicht, Formeln für die Berechnung von Bauschigkeitsmerkmalen zu entwickeln, um die Bauschigkeitsprüfung durch die Bestimmung der Faser- oder Seiden-Prüfmerkmale zu ersetzen. Der dafür erforderliche Prüfzeitaufwand wäre in den meisten Fällen wesentlich größer als bei der Bauschigkeitsprüfung; abgesehen davon, daß durch die Streuung der einzelnen Parameter und die Wirkung unbekannter Störgrößen die abgeleitete Größe unter Umständen einen beträchtlichen Fehler aufweisen könnte.

Die Bedeutung der Arbeit wird darin gesehen, daß durch die Kenntnis der grundsätzlichen Zusammenhänge zwischen den Faser- und Textureigenschaften und dem Bauschvolumenverhältnis die Bemühungen um die Erzielung optimaler Eigenschaften textiler Erzeugnisse erleichtert werden und die Durchführung zeit- und kostenaufwendiger Versuchsreihen eingeschränkt werden kann.

Daneben wurden durch die Untersuchungen auf prüfmethodischem Gebiet wesentliche Erkenntnisse gewonnen, die sowohl in der Texturfadenprüfung als auch in der Bauschigkeitsprüfung ihren Niederschlag fanden und entweder zur Erhöhung der Reproduzierbarkeit der Prüfergebnisse beitrugen oder aber die Grenzen der Anwendbarkeit der jeweiligen Prüfmethode erkennen ließen.

Der Verfasser dankt Frau *Feyser* und Frau *Höhn* für die sorgfältige Durchführung der umfangreichen Prüfungen und numerischen Berechnungen.

*Literatur*

[1] *Friedemann, W.:* Über Bauschigkeitsmessungen an Chemiefaserstoffen. Faserforsch. u. Textiltechnik **15** (1964) 8, S. 340–352.
[2] *Mikut, R.:* Beitrag zur Bestimmung des Verhaltens von Bauschen und Fäden bei Druckeinwirkung.
Teil 1: Analyse des Druck-Verformungsverhaltens und Auswahl des Prüfverfahrens. Faserforsch. u. Textiltechnik **21** (1970) 8, S. 323–332.
Teil 2: Versuchsergebnisse. Faserforsch. u. Textiltechnik **21** (1970) 9, S. 389–397.
[3] *Schönfeld, H.:* Bestimmung der Erscheinungs- und Kräuselungsform spezieller Texturfäden. Dt. Textiltechnik **20** (1970) 8, S. 512–515.
[4] *Geitel, K., Hempel, P.,* und *Martin, H.:* Stand und Weiterentwicklung der Prüfung von Texturfäden. Dt. Textiltechnik **20** (1970) 12, S. 766–772.
[5] *Geitel, K.:* Die Bogenzahl, eine notwendige Größe zur Beschreibung der Kräuselung? Faserforsch. u. Textiltechnik **20** (1969) 6, S. 259–266.
[6] *Neuber, H.:* Mechanik, Grundlagen für Maschinenbauer. Lehrbriefe für das Fernstudium, TU Dresden 1961, 14. Lehrbrief.
[7] *Geitel, K.:* Bestimmung der Erscheinungs- und Kräuselform spezieller Texturfäden. Dt. Textiltechnik **20** (1970) 9, S. 590–593.

*Eingegangen am 5. August 1971*

# Beitrag zum Studium der Strukturveränderungen synthetischer Fasern bei Deformation in der Faserlängsrichtung

## III. Polyesterfasern (PE-Fasern)[1]

*Ivan Mitterpach, Ivan Diačik und Martin Jambrich*
*Forschungsinstitut für Chemiefasern, Svit/ČSSR*

DK 677.494.674 524 420:677.021.188:677.014.87:677.014.84:677.017.4

Der Prozeß der Deformation von PE-Fasern bei einer Temperatur von 130°C wurde bezüglich der Orientierung der kristallinen und nichtkristallinen Bereiche unter Anwendung physikalischer Methoden — Röntgenographie, Infrarot-Absorptionsspektroskopie, Messung der optischen Doppelbrechung und der Schallgeschwindigkeit — verfolgt. Dabei wurde festgestellt, daß es im Unterschied zu PA-6- und PP-Fasern bei PE-Fasern im Verlauf des Deformationsprozesses zu einer systematischen Erhöhung der Orientierung der nichtkristallinen Anteile und zu einer allmählichen Orientierung der kristallinen Anteile kommt.

*К вопросу об изучении изменений структуры синтетических волокон при деформации в продольном направлении*

*III. Полиэфирные волокна (ПЭ-волокна)*

При применении физических методов: рентгенографии, ИК-спектроскопии, измерения двоиного лучепреломления и скорости звука, был исследован процесс деформации ПЭ-волокон при температуре 130°C, причем определялась ориентация кристаллических и некристаллических областей. При этом было установлено, что в отличие от ПА-6- и ПП-волокон, при деформации ПЭ-волокон происходит систематическое повышение ориентации некристаллических областей и постепенная ориентация кристаллических областей.

*Contribution to the Investigation of Structural Changes of Synthetic Fibres on Longitudinal Deformation*

*III. Polyester Fibres*

The changes of orientation in crystalline and non-crystalline regions of polyester fibres during deformation at 130°C have been investigated by X-ray diffraction, IR absorption spectroscopy and measuring the optical birefrigence and ultrasound velocity. Contrarily to polyamide-6 and polypropylene fibres, the deformation of polyester fibres results in a systematic increase of the orientation of non-crystalline regions and in a gradual orientation of the crystalline regions.

### 1. Einleitung

In den Arbeiten [1, 2] beschrieben wir den Einfluß einiger technologischer Parameter des Herstellungsprozesses von PA-6- und PP-Fasern auf die Veränderung der Orientierung der kristallinen und nichtkristallinen Bereiche und auf die Strukturumwandlungen.

Im vorliegenden Teil unserer Arbeit führen wir die Ergebnisse an, die wir beim Studium des Deformationsprozesses von Polyesterfasern bei erhöhter Temperatur des Milieus gewonnen haben. Wie im Falle des PA 6 richteten wir unser Augenmerk auf das Studium der Strukturveränderungen, insbesondere der Orientierung kristalliner und nichtkristalliner Bereiche des Polymersystems, und auf die Veränderung der strukturellen Modifikationen.

[1]) Teil II s. [2].

### 2. Experimenteller Teil

#### 2.1. Beschreibung der angewandten Methoden zur Bewertung der Fasern

Bewertungsmethoden der unterschiedlichen Strukturmodifikationen, der Orientierung kristalliner Bereiche sowie der durchschnittlichen Orientierung der Makromoleküle wurden in unserer vorangegangenen Arbeit [1] beschrieben.

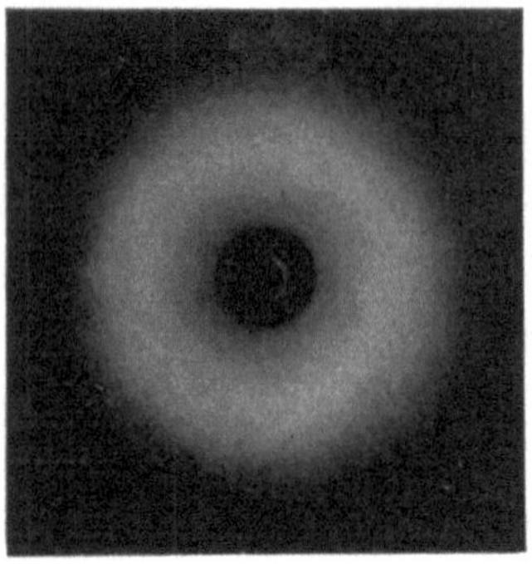

Bild 1. Röntgenogramm ungereckter PE-Fasern mit nichtkristalliner Molekülordnung

Die Bestimmung des kristallinen Anteils in den Fasern wurde unter Anwendung der Infrarot-Absorptionsspektroskopie durchgeführt. Die Faserpräparate wurden durch Zerschneiden der Fasern in kleine Teilchen und durch Pressen in KBr mit einer Konzentration von 13 mg Fasern auf 1000 mg KBr hergestellt.

Die Auswertung des kristallinen Anteils wurde nach den Beziehungen durchgeführt, die in der Arbeit von *Sandeman* und *Keller* [3] angegeben sind.

Die mechanischen Fasereigenschaften wurden auf dem Gerät „INSTRON" bestimmt. Der Elastizitätsmodul wurde aus den Kraftdehnungskurven berechnet. Durch eine Kombination von Werten, die durch die Messung der Schallgeschwindigkeit und der Doppelbrechung gewonnen worden waren, und durch Extrapolation wurde der Wert der Doppelbrechung ideal orientierter PE-Fasern zu $\Delta_n = 0{,}275$ bestimmt. Für die Berechnung von $f\alpha$ wurde der von uns gemessene Wert der Schallgeschwindigkeit in ungereckten PE-Fasern verwendet, $C_n = 1{,}43$ km/s.

### 2.2. *Herstellung der Faserproben*

Für das Studium des Deformationsprozesses verwendeten wir als Ausgangsmaterial ungereckte PE-Fasern, die durch Schmelzen und Spinnen des Polymeren auf einer Schneckeneinrichtung, durch Kühlen in Schächten und durch Aufwickeln auf eine Spule zubereitet wurden. Ausgangsmaterial war PE-Granulat mit einer LVZ $= 0{,}712$ dl/g. Wie die Röntgenbeugungsaufnahme (Bild 1) der ungereckten Pe-Faser zeigt, besitzen die Fasern eine nichtkristalline Kettenanordnung. Die Doppelbrechung der ungereckten Fasern ergab sich zu $\Delta_n = 9{,}9 \times 10^{-3}$ und die Schallgeschwindigkeit zu $C_n = 1{,}43$ km/s.

Die Deformation der ungereckten Fasern wurde auf einer einstelligen Laboratoriumseinrichtung mit einer Deformationsgeschwindigkeit von 100 m/min bei erhöhter Temperatur (130 °C) durchgeführt.

### 2.3. *Bewertung der Faserproben*

Die ungereckten Polyesterfasern wiesen auf dem Röntgenogramm einen breiten diffusen Ring auf, der für eine nichtkristalline molekulare Anordnung charakteristisch ist. Die bei der Deformation gewonnene Deformationskurve und die Diffraktionsbilder sind in Bild 2 dargestellt. Die dynamische Deformationskurve der PE-Fasern zeigt drei charakteristische Bereiche. Das Anlaufgebiet zeichnet sich durch große Verformung bei relativ kleiner Kraft aus. Dieses Verhalten läßt sich durch die erhöhte Milieutemperatur erklären. Im zweiten Bereich, dem Fließbereich, wird ein Teil der nichtkristallinen Gebiete unter dem Einfluß von Wärme und Deformationskraft kristallin.

Durch visuelle Bewertung der Diffraktionsbilder kann man erkennen, daß sich die Veränderungen des kristallinen Anteils und der Orientierung des kristallinen Anteils auch im dritten Bereich, dem sogenannten Ver-

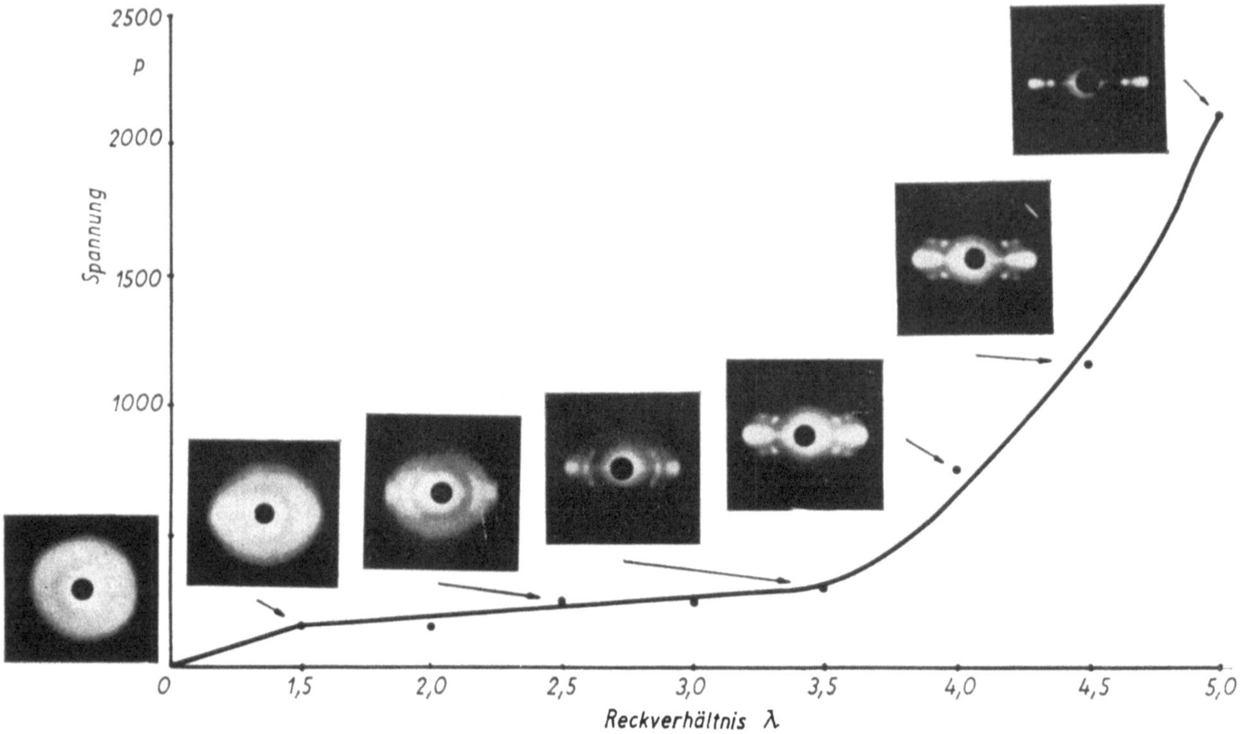


Bild 2. Dynamische Deformationskurve und Röntgenogramme von PE-Fasern, deformiert bei einer Temperatur von 130 °C

festigungsbereich ($\lambda = 3{,}5$ bis 5,0) fortsetzen, was man an der wachsenden Schärfe der paratropen Reflexe erkennt.

Auf den Bildern 3 und 4 sind die Absorptionsspektren der ungereckten und der bei 130 °C gereckten PE-Fasern abgebildet. Eine charakteristische Absorptionsbande für die Beurteilung des Kristallisationsgrades von Polyäthylenterephthalat ist die Absorptionsbande bei 973 $cm^{-1}$ [4, 5], deren Intensität bei erhöhter Temperatur mit zunehmender Deformation anwächst. Aus Bild 3 ist ersichtlich, daß auch im Falle ungereckter PE-Fasern, bei denen die Röntgenogramme visuell keine kristallinen Reflexe erkennen lassen, das Infrarotspektrum eine Absorptionsbande bei 973 $cm^{-1}$ zeigt, was auf die Gegenwart von nichtamorphen Anteilen in der Probe hinweist.

In Tabelle 1 sind die gemessenen Werte der Dichte, die kristallinen Anteile, die Doppelbrechungswerte, die Schallgeschwindigkeiten, die Halbwinkelschwärzungen, die Kristallitgrößen, die Langperioden, die Festigkeiten, die Dehnungswerte und die Elastizitätsmoduln zusammengestellt. Aus der Tabelle ist ersichtlich, daß die Deformation der PE-Fasern, ähnlich wie im Falle der PA-6- und der PP-Fasern, zu wesentlichen Veränderungen der strukturellen und der physikalisch-mechanischen Fasereigenschaften führt.

Auf Bild 5 ist die Veränderung der Orientierungsfaktoren *fx*, *fα* und *fam* in Abhängigkeit vom Reckverhältnis dargestellt.

Bei der Deformation der PE-Fasern bei normaler Temperatur ist der Widerstand gegen die Deformation hoch, d. h., die Größe der zwischenmolekularen Kräfte ist bedeutend. Durch Anhebung der Deformationstemperatur über die Glastemperatur kommt es zu einer Schwächung der sekundären Bindungen, allerdings nur soweit, daß eine geeignete Orientierung der nichtkristallinen Anteile erleichtert wird, die erst bei höheren Deformationen in eine dreidimensionale Ordnung übergehen. Obwohl bei höheren Deformationsgraden die bestorientierten amorphen Anteile kristallin werden, steigt die Orientierung aller nichtkristallinen Anteile an und erreicht Werte von *fam* = 0,8.

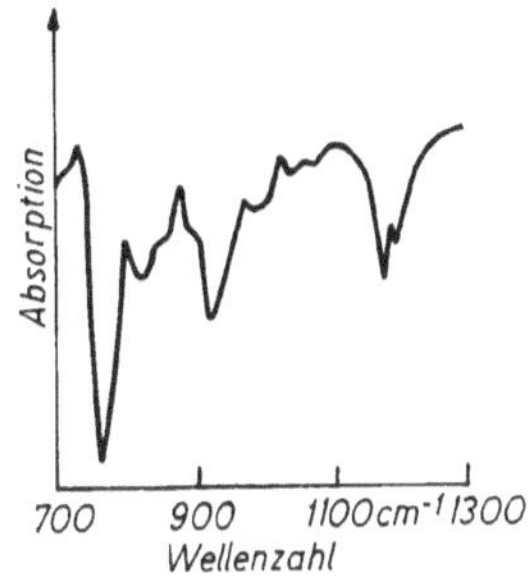


Bild 3. Infrarot-Absorptionsspektrum ungereckter PE-Fasern

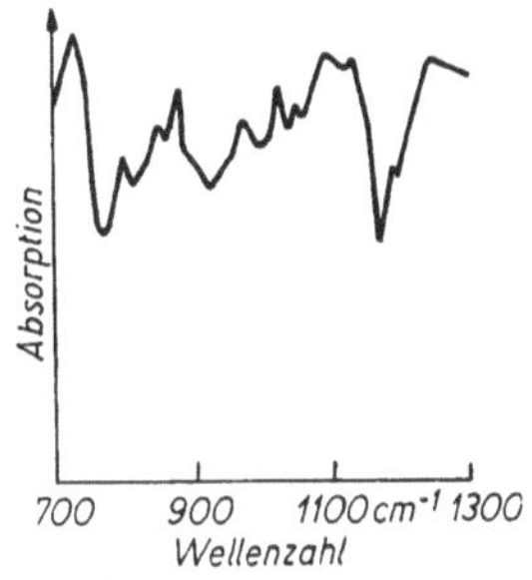


Bild 4. Infrarot-Absorptionsspektrum von PE-Fasern, gereckt bei erhöhter Temperatur auf $\lambda = 5{,}5$

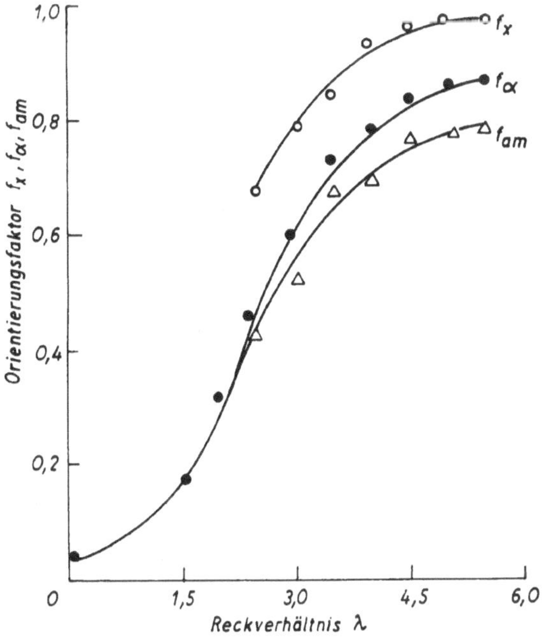


Bild 5. Abhängigkeit von *fx*, *fα* und *fam* von der Deformation

*Tabelle 1. Einfluß der Deformation in der Faserlängsrichtung auf die molekulare Struktur und die physikalisch-mechanischen Eigenschaften der Polyesterfasern, deformiert bei einer Temperatur von 130 °C.*

| Reck-verhält nis | Dichte g/cm³ | Krist. Anteil % | Doppelbrechung ($n_\parallel - n_\perp$) | Halbwinkel-Schwärzung (010) | Schallgeschw. km/s | Größe der Kristallite Å | Kleinwinkelperiode Å | Festigkeit p/den | Dehnung % | *Young*-Modul p/den |
|---|---|---|---|---|---|---|---|---|---|---|
| Ungereckte Fasern | 1,3575 | 21 | 0,0100 | — | 1,4 | — | — | 0,7 | 571 | 17,9 |
| 1,5 | 1,3590 | 26 | 0,0090 | — | 1,5 | — | — | 0,6 | 258 | 17,3 |
| 2,0 | 1,3615 | 29 | 0,0249 | — | 1,7 | — | — | 1,1 | 180 | 26,9 |
| 2,5 | 1,3630 | 31 | 0,0515 | 19,5 | 1,9 | — | — | 1,2 | 106 | 32,8 |
| 3,0 | 1,3775 | 39 | 0,1049 | 19,4 | 2,2 | 24 | — | 1,5 | 77 | 38,3 |
| 3,5 | 1,3825 | 41 | 0,1355 | 15,7 | 2,7 | 27 | — | 2,3 | 58 | 60,3 |
| 4,0 | 1,3840 | 43 | 0,1552 | 9,2 | 3,0 | 38 | — | 2,8 | 40 | 64,0 |
| 4,5 | 1,3850 | 45 | 0,1931 | 8,0 | 3,4 | 40 | 134 | 3,9 | 23 | 104,0 |
| 5,0 | 1,3885 | 48 | 0,2046 | 6,7 | 3,7 | 38 | 148 | 4,8 | 16 | 115,0 |
| 5,5 | 1,3890 | 49 | 0,2202 | 5,8 | 3,8 | 36 | 148 | 6,1 | 11 | 128,3 |

Die kristallinen Anteile wachsen hauptsächlich im Bereich der Verfestigung an, ohne jedoch extreme Werte zu erreichen. Die Erklärung muß vor allem darin gesucht werden, daß die Bewegungsfreiheit der Kettensegmente auch oberhalb der Glastemperatur niedrig ist. Die Wirksamkeit der Deformationskraft und der Wärme wird besser, wenn die Temperatur bei der Deformation sich mehr dem Schmelzpunkt der Fasern nähert.

Wenn wir eine mehrstufige Reckung wählen, so ist diese Art der Reckung damit begründet, daß wir nach der ersten Reckstufe bei einer Temperatur des Milieus, die nicht allzu hoch über der Glastemperatur liegt, in der zweiten Stufe vorteilhafterweise höhere Temperaturen bei der Deformation benützen können, die einerseits die Umwandlung der nichtkristallinen Anteile in kristalline begünstigen, anderseits die Erzielung eines hohen Orientierungsgrades für das Polymersystem gestatten. Dadurch kommt es zu wesentlichen Veränderungen der mechanischen Eigenschaften, und die Orientierung der nichtkristallinen Anteile erreicht hohe Werte, was sich günstig auf die mechanischen Eigenschaften auswirkt.

Die Reckung der PE-Fasern bei den Temperaturen, die wir bei unseren Versuchen verwendeten, ermöglichte es, orientierte Fasern herzustellen, deren kristalline Bereiche sehr kleine Abmessungen besitzen.

### 3. *Schluß*

Im vorliegenden Teil der Arbeit untersuchten wir den Einfluß des Deformationsprozesses bei erhöhter Temperatur auf die Orientierung der kristallinen und der nichtkristallinen Bereiche der PE-Fasern und auf die Strukturumwandlungen.

Auf Grund röntgenographischer Untersuchungen wurde festgestellt, daß es durch die Deformation in der Faserlängsrichtung bei erhöhter Temperatur schon zu Beginn der Deformation zu einer Umwandlung von Teilen des ursprünglich nicht kristallinen Polymersystems in Bereiche mit kristalliner trikliner Struktur kommt. Im Verlauf des Deformationsprozesses steigt die Orientierung der nichtkristallinen Anteile stark an, während die Orientierung der kristallinen Anteile langsamer erfolgt.

In unseren vorangegangenen Arbeiten [1, 2] sowie im vorliegenden Teil der Arbeit untersuchten wir die Veränderungen der Orientierung der kristallinen und nichtkristallinen Anteile der PA-6-, PP- und PE-Fasern beim Prozeß der Deformation in der Faserlängsrichtung. Wie die gemessenen Werte zeigen, verläuft der Prozeß der Deformation in der Faserlängsrichtung bei den von uns untersuchten Polymersystemen unterschiedlich und wird nicht durch einfache Abhängigkeiten beherrscht.

Vergleichen wir die Abhängigkeiten der Orientierungsfaktoren der kristallinen und nichtkristallinen Anteile der PE-, PA-6- und der PP-Fasern, dann beobachten wir, daß sich diese Fasern bei der Reckung unterschiedlich verhalten. Gleichzeitig beobachten wir viele gemeinsame Merkmale. Die beste Orientierung der nichtkristallinen Anteile fanden wir bei den PE-Fasern, während die PP-Fasern die niedrigsten Werte zeigen. Eine Erklärung hierfür müssen wir vor allem im chemischen Charakter der Ketten und ihrer Funktionsgruppen suchen, die eine Bildung zwischenmolekularer Bindungen und deren regelmäßige Verteilung längs der Kette bedingen.

Aus den beschriebenen Ergebnissen können wir den Schluß ziehen, daß die Orientierung der kristallinen Anteile bei PP-Fasern am leichtesten und bei den PE-Fasern am schwersten vor sich geht.

Bei einem Vergleich der Abmessungen der kristallinen Bereiche bei den PE-, PA-6- und PP-Fasern ist es interessant festzustellen, daß im Verlauf der Deformation die Abmessungen der Kristallite stetig anwachsen. Man kann erwarten, daß mit wachsender Temperatur bei der Deformation die Abmessungen der Kristallite anwachsen. Das Zusammenwirken der Deformationskraft und der Wärmeenergie bei der Reckung der PP-Fasern bewirkt vor allem ein Anwachsen der Orientierung der kristallinen Anteile, eine rasche Umwandlung nichtkristalliner Anteile in die monokline Kristallstruktur und das Anwachsen des kristallinen Anteils bis auf 80%. Die nichtkristallinen Anteile bleiben in den ersten Phasen praktisch nichtorientiert.

Weil eine hohe Orientierung der kristallinen Anteile bei hohem kristallinem Anteil erreicht wird, wirkt sich die niedrige Orientierung der nichtkristallinen Anteile nicht negativ auf die physikalisch-mechanischen Fasereigenschaften aus.

Deshalb besitzt für PP-Fasern die einstufige Reckung bei erhöhten Temperaturen eine besondere Bedeutung. Bei den PE- und den PA-6-Fasern, bei denen der Anteil der hochorientierten kristallinen Anteile nur 50 bis 60 % beträgt, müssen wir der Orientierung der nichtkristallinen Anteile besondere Aufmerksamkeit widmen.

Bei einem Vergleich der Orientierungswerte und der mechanischen Eigenschaften der Fasern kommen wir zu dem Schluß, daß wir der Orientierung der nichtkristallinen Anteile und deren Packungsdichte große Aufmerksamkeit widmen müssen, wenn wir die mechanischen Eigenschaften durch mehrstufige Deformation weiter verbessern wollen.

### *Literatur*

[1] *Jambrich, M., Diačik, I.,* und *Mitterpach, I.:* Beitrag zum Studium von Strukturveränderungen synthetischer Fasern bei Deformationen in der Faserlängsrichtung. I. Polyamidfasern (PA-6-Fasern). Faserforsch. u. Textiltechnik **23** (1972) 1, S. 28—34.

[2] *Diačik, I., Jambrich, M.,* und *Mitterpach, I.:* Beitrag zum Studium von Strukturveränderungen synthetischer Fasern bei Deformationen in der Faserlängsrichtung. II. Polypropylenfasern (PP-Fasern). Faserforsch. u Textiltechnik **23** (1972) 2, S. 70—74.

[3] *Sandeman, I.,* und *Keller, A.:* Cristallinity studies of polyamides by infrared, specific volume and X-ray methods. J. Polymer Sci. **19** (1956) S. 401—435.

[4] *Schmidt, P. G.:* Polyethylene terephthalate structural studies. J. Polymer Sci. **1** (1963) S. 1271—1292.

[5] *Hummel, D. O.:* Atlas der Kunststoff-Analyse, Band 1, München: Verlag Chemie 1968.

*Eingegangen am 30. September 1971*

# Untersuchung der rheologischen Eigenschaften von Polyacrylnitril-Gelfäden mittels Recken

## 2. Mitt.: Abhängigkeit der rheologischen Eigenschaften von der Zusammensetzung des Wasser/Dimethylformamid-Fällbades[1])

*A. P. Neverov und É. A. Pakšver*

*Allunions-Forschungsinstitut für Synthesefaserstoffe, Kalinin UdSSR*

DK 677.494.745.32—042.2:677.021.125.26—913.3:541.664:677.021.125.3:532.133:677.017.285

Die Änderung der Spannung, der hochelastischen und der plastischen Deformation sowie der Längsviskosität während des Reckens von Gelfäden werden betrachtet. Hierbei wird gezeigt, daß sich mit Verringerung der Dimethylformamidkonzentration des Fällbades die Anfangssteifigkeit und gleichzeitig die Plastizität des Fadens erhöhen. Es werden drei Stadien des Reckprozesses und die Wechselbeziehung zwischen den rheologischen Charakteristiken und der Porosität der Gelfäden diskutiert.

*Исследование реологических свойств полиакрилонитрильных волокон в процессе вытягивания*

*Сообщ. 2-е: Зависимость реологических свойств от состава осадительной ванны из воды и диметилформамида*

Исследовано изменение напряжения высокоэластической и пластической деформаций и продольной вязкости в процессе вытягивания гель-волокон. При этом показано, что с уменьшением концентрации диметилформамида в осадительной ванне одновременно повышается начальная жесткость, и пластичность нити. Обсуждаются три стадии процесса вытяжки и взаимоотношение между реологическими показателями и пористостью гель-волокон.

*Investigation of the Rheological Properties of Polyacrylonitrile Gel Filaments on Drawing*

*2nd Comm.: Dependence of the Rheological Properties on the Composition of the Water/Dimethylformamide Coagulation Bath*

The changes in stress, high elastic and plastic deformation and in elongatual viscosity during the drawing process of gel filaments have been investigated. The decrease of the concentration of dimethyl formamide in the coagulation bath results in an increase of the stiffness and simultaneously in the plasticity of the filaments. Three stages of the drawing process and the relationship between the rheological characteristics and the properties of the gel filaments are discussed.

### 1. Einleitung

Frisch ersponnene Chemiefaserstoffe, insbesondere Polyacrylnitrilfäden, die aus Lösungen nach dem Naßspinnverfahren erzeugt werden, stellen ein kompliziertes Polymersystem vom Typ eines porösen dispersen Gels dar [1], das anschließend zwecks Orientierung gereckt wird [2]. Hierbei wird die Festigkeit der orientierten Fäden durch die Größe der hochelastischen Orientierung bedingt [3], und sie ist von der Zusammensetzung des Fällbades abhängig.

In der vorliegenden Mitteilung wird die Änderung der rheologischen Eigenschaften von Polyacrylnitril-Gelfäden während des Reckens in Abhängigkeit von der Dimethylformamidkonzentration der wäßrigen Fällbäder betrachtet.

### 2. Experimentelle Ergebnisse

Es wurden Monofile (Modellfäden) untersucht, die aus der Lösung eines Copolymeren (mit einem Acrylnitrilgehalt von 93%) in Dimethylformamid (DMF) ersponnen worden waren [4]. Der Anfangsquerschnitt der Gelfadenproben lag im Bereich $2{,}41 \cdot 10^{-4}$ bis $4{,}24 \cdot 10^{-4}$ cm².

Das Recken der Fadenproben wurde in einem Fällbad bei einer Temperatur von 20 bis 22 °C gemäß der in [4] bereits beschriebenen Methodik durchgeführt.

In Bild 1 sind die Deformationskennlinien von Gelfäden in Abhängigkeit von der Fällbadzusammensetzung wiedergegeben. Jede Kurve stellt den aus 4 bis 6 Einzelmessungen sich ergebenden mittleren Kurvenverlauf dar. Aus der Abbildung ist ersichtlich, daß mit steigender DMF-Konzentration des Fällbades die Deformationskennlinie später abbricht und der Anfangsmodul, der die Anfangssteifigkeit des Fadens charakterisiert, absinkt. Bei Gelfäden, die in Fällbädern mit einem DMF-Gehalt über 51% (hier und im weiteren als Vol.% angegeben) ersponnen wurden, ändert sich der Charakter der Deformationskurven. Nach Erreichen einer gewissen kritischen Deformation ($\varepsilon_c$) wird ein erheblicher Anstieg der Spannung beobachtet, was auch bei Viskosefäden festgestellt worden ist [2].

Mit steigender DMF-Konzentration im Fällbad nimmt die maximal gespeicherte hochelastische Deformation $\varepsilon_e$ (Bild 2) zu, wobei, wie bereits gezeigt worden ist [4], $\varepsilon_e$ nicht von den Deformationsbedingungen abhängt (konstante Deformationsgeschwindigkeit $\dot{\varepsilon}$ = const.

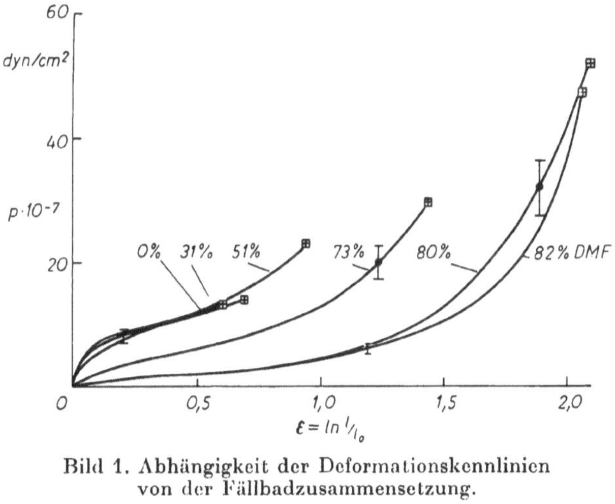


Bild 1. Abhängigkeit der Deformationskennlinien von der Fällbadzusammensetzung.
$\dot{\varepsilon} \simeq 1 \cdot 10^{-2}$ s⁻¹; ⊞ = Fadenbruch

[1]) 1. Mitt. s. [4].

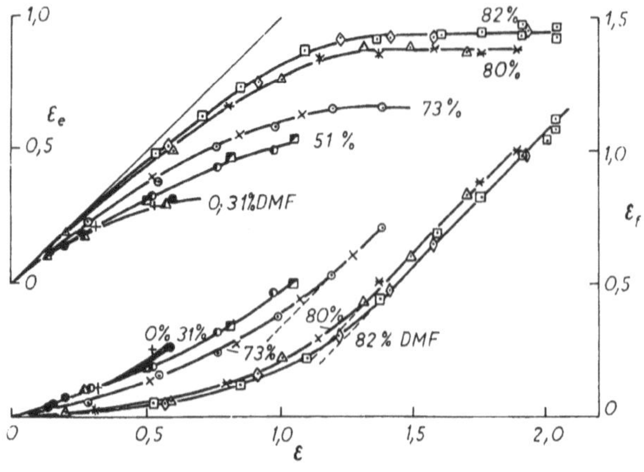


Bild 2. Abhängigkeit der hochelastischen ($\varepsilon_e$) und plastischen ($\varepsilon_f$) Deformation von der Gesamtdeformation ($\varepsilon$) und Fällbadzusammensetzung

△, ●, ◐, ⊙, ◊, ⚠ — $\dot{\varepsilon} \simeq 1 \cdot 10^{-2}\ s^{-1}$

+, ◩, ×, ⊡, ✳ — $v = 360$ mm/min

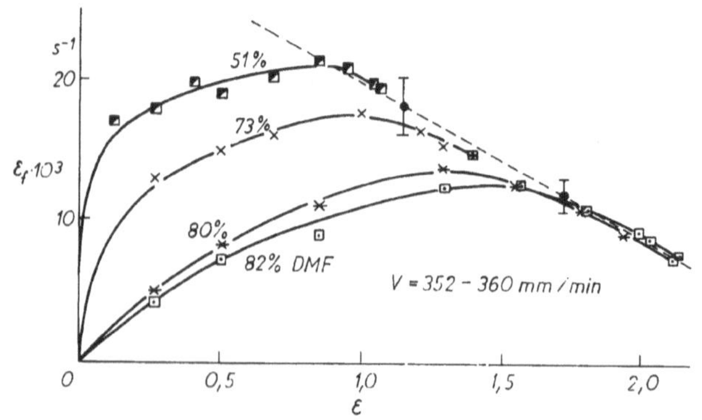


Bild 4. Abhängigkeit der Geschwindigkeit der plastischen Deformation ($\dot{\varepsilon}_f$) von der Gesamtdeformation ($\varepsilon$) und Fällbadzusammensetzung. $v$ = const., ⊞ — mittlere Reißdeformation $\varepsilon_m$

oder konstante Reckgeschwindigkeit $v$ = const.). Der Übergang zu einem konstanten Wert von $\varepsilon_e$ wird nicht für alle Fällbadkonzentrationen erreicht. Mit Herabsetzung des DMF-Gehaltes im Fällbad erhöht sich der Anteil der plastischen Deformation.

Zu Beginn des Reckprozesses übertrifft die hochelastische Deformation $\varepsilon_e$ die plastische Deformation $\varepsilon_f$ beträchtlich (Bild 2). Der Übergang der nichtlinearen Abhängigkeit der plastischen Deformation von der Gesamtdeformation ($\varepsilon$) erfolgt ungefähr im Bereich der kritischen Gesamtdeformation ($\varepsilon_c$), von der oben bereits die Rede war.

Eine Gegenüberstellung von Bild 2 und 3 zeigt, daß unter der Bedingung $\dot{\varepsilon}$ = const. mit dem Übergang zu einem konstanten Wert von $\varepsilon_e$ stationäre Fließbedingungen auftreten, bei denen die Geschwindigkeit der plastischen Deformation $\dot{\varepsilon}_f$ gleich der vorgegebenen Geschwindigkeit der Gesamtdeformation $\dot{\varepsilon}$ ist und die Geschwindigkeit der hochelastischen Deformation $\dot{\varepsilon}_e$ Null beträgt.

Unter der Bedingung $v$ = const. (Bild 4) durchläuft die Größe $\dot{\varepsilon}_f$ ein Maximum, da die Geschwindigkeit der Gesamtdeformation $\dot{\varepsilon} = v/l$ abnimmt [3]. Es ist charakteristisch, daß die abfallenden Kurvenäste (s. Bild 4) innerhalb der Fehlergrenzen durch eine Gerade

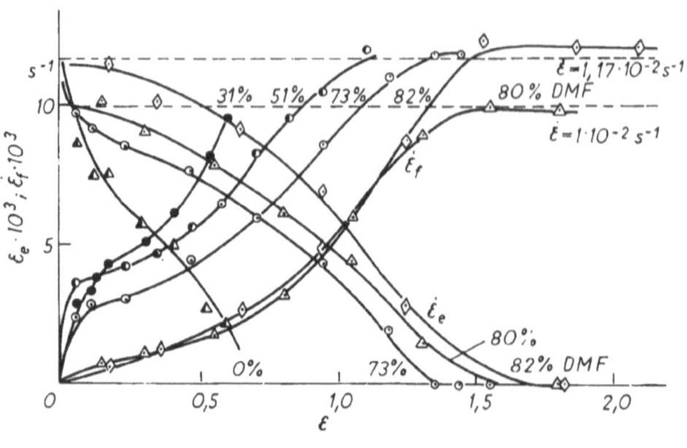


Bild 3. Abhängigkeit der Geschwindigkeit der plastischen ($\dot{\varepsilon}_f$) und hochelastischen Deformation ($\dot{\varepsilon}_e$) von der Gesamtdeformation ($\varepsilon$) und Fällbadzusammensetzung. $\dot{\varepsilon}$ = const.

approximiert werden können und sich in Abhängigkeit von der Fällbadzusammensetzung durch die Länge dieses Kurvenabschnittes unterscheiden.

Es sei darauf hingewiesen, daß sich die Deformationsbedingungen durch die Geschwindigkeiten der plastischen und hochelastischen Deformation unterscheiden (Bild 3 und 4), während die Beiträge der Deformation selbst ($\varepsilon_f$ und $\varepsilon_e$) nicht von den Deformationsbedingungen abhängen (Bild 2).

Die Änderung der Längsviskosität ($\lambda$) von Gelfäden beim Recken ist in Bild 5 gezeigt. Wird die Deformationsgeschwindigkeit konstant gehalten ($\dot{\varepsilon}$ = const.), so ist die Änderung der Viskosität der Gelfäden beim Dehnen bis zum kritischen Wert der Deformation $\varepsilon_c$ der von kondensierten, nicht kristallisierenden Polymeren analog [3], und sie durchläuft ein Maximum. Beim weiteren Recken bleibt die Viskosität der Gelfäden nicht konstant, sondern nimmt schnell zu, was bei Fällbädern mit einem DMF-Gehalt über 51% deutlich in Erscheinung tritt.

Bei Anwendung einer konstanten Reckgeschwindigkeit ($v$ = const.) bleibt die Längsviskosität im Anfangs-

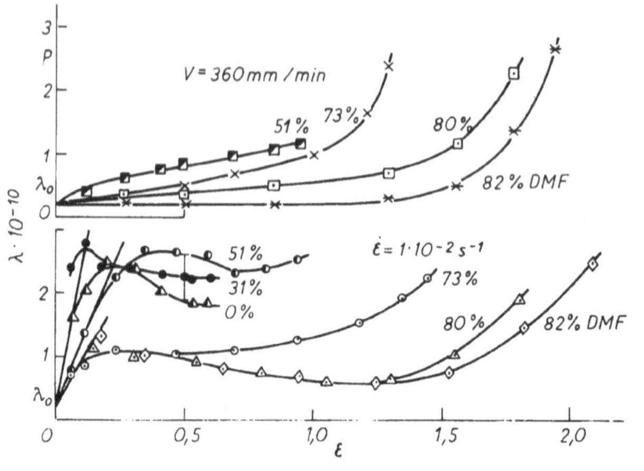


Bild 5. Abhängigkeit der Längsviskosität ($\lambda$) von der Gesamtdeformation ($\varepsilon$), der Fällbadzusammensetzung und den Deformationsbedingungen

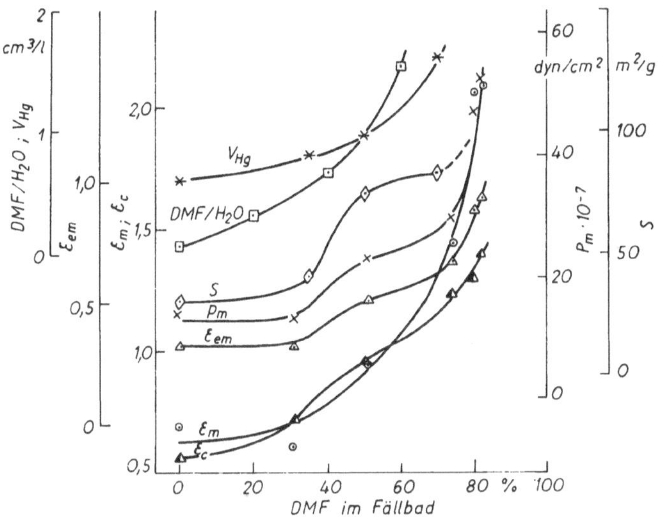


Bild 6. Abhängigkeit der Gelfadeneigenschaften von der Fällbadzusammensetzung. Erklärungen im Text

stadium des Reckprozesses entweder konstant oder sie wächst nur unbedeutend an (s. Bild 5). Dies kann man durch eine Verlangsamung der Relaxationsprozesse [4] erklären, die bei der gewählten Reckgeschwindigkeit ($v = 360$ mm/min) auftritt. Nach Durchschreiten der kritischen Deformation steigt die Längsviskosität ebenso wie unter der Bedingung $\dot{\varepsilon} = \text{const.}$ steil an.

Eine Extrapolation auf die Deformation null ($\varepsilon \to 0$) ergibt die Anfangsviskosität $\lambda_0$ der Gelfäden, die anscheinend weder von der Fällbadzusammensetzung noch von den Deformationsbedingungen abhängt.

In Bild 6 ist anhand eigener experimenteller Werte und Literaturdaten die Änderung der Eigenschaften von Polyacrylnitrilgelfäden in Abhängigkeit von der Zusammensetzung der aus Wasser und DMF bestehenden Fällbäder gezeigt: die Reißdehnung ($\varepsilon_m$) und die Reißspannung ($p_m$) gemäß den Daten von Bild 1, die im Augenblick des Reißens gespeicherte hochelastische Deformation ($\varepsilon_{em}$) und die kritische Gesamtdeformation ($\varepsilon_c$) auf Grund der in Bild 2 vorgelegten Werte, die spezifische Oberfläche der Poren ($S$) und das spezifische Porenvolumen ($V_{Hg}$) gemäß Arbeit [5], das DMF/$H_2O$-Verhältnis im Gelfaden unter Verwendung der in Arbeit [6][2]) veröffentlichten Daten.

Aus Bild 6 ist ersichtlich, daß bei einer DMF-Konzentration des Fällbades von 35 bis 60% die Änderung des spezifischen Porenvolumens einen auffälligen Verlauf zeigt, während der Anstieg des spezifischen Porenvolumens mit dem des DMF/$H_2O$-Verhältnisses symbat geht. Anscheinend steht die Änderung von $p_m$ und $\varepsilon_{em}$ mit der von $S$ in Zusammenhang, bzw. die von $\varepsilon_c$ und $\varepsilon_m$ mit der des spezifischen Porenvolumens $V_{Hg}$.

## 3. *Diskussion der Ergebnisse*

### 3.1. *Über die drei Stadien des Reckprozesses von Gelfäden*

Aus den vorgelegten experimentellen Ergebnissen lassen sich drei Stadien für den Reckprozeß gelförmiger, durch Naßspinnen erhaltener Polyacrylnitrilfäden ableiten.

[2]) In dieser Arbeit wurden Fäden aus Homopolymerisat untersucht.

Erstes Stadium. Vergleicht man die Änderung der Längsviskosität von Polyacrylnitrilgelfäden in Abhängigkeit von der Gesamtdeformation unter der Bedingung $\dot{\varepsilon} = \text{const.}$ (Bild 5) mit der Änderung der Längsviskosität nicht kristallisierender Polymerer im kondensierten Zustand [3], so kann man ein ähnliches Verhalten feststellen. Somit ist zu Beginn des Reckprozesses der Deformationsmechanismus bei Gelfäden dem für kondensierte amorphe Polymere analog. Die Erhöhung der Viskosität wird durch die Orientierung der Makromoleküle in den amorphen Bereichen des Gelfadens hervorgerufen. Gleichzeitig erfolgt ein langsames (Bild 3) irreversibles Fließen, das anscheinend durch eine gegenseitige Verschiebung von Strukturelementen [2] längs der Fadenachse ohne deren merkliche Orientierung bedingt ist, da die Spannung noch klein ist. Mit Erhöhung der Spannung wird die Zunahme der irreversiblen Deformation (Fließen) beschleunigt (Bild 3), was durch die Verringerung der Viskosität nach dem Maximum begünstigt wird (Bild 5). Das Viskositätsmaximum wird unabhängig von der Fällbadzusammensetzung bei geringem Reckgrad (20 bis 40%) erreicht. Es sei bemerkt, daß im ersten Stadium des Reckprozesses das irreversible Fließen in geringerem Maße erfolgt als die hochelastische Deformation (Bild 2), und um so schneller, je niedriger die DMF-Konzentration des Fällbades ist (Bild 3). Anscheinend ist das Recken von Gelfäden im ersten Stadium mit einer Deformation der Gerüststruktur des Fadens verknüpft, was bereits früher für Regeneratcellulosefäden festgestellt worden ist [7].

Zweites Stadium, oder der Bereich der kritischen Deformation. Der Anfang des zweiten Stadiums wird augenscheinlich ein kleiner Bereich sein, in dem die Spannung (Bild 1) und die Geschwindigkeit der plastischen Deformation (Bild 3) schneller anzusteigen beginnen. Das Ende dieses Stadiums ist ein kleiner Bereich, in dem das stationäre Fließen einsetzt. Es ist durch die Konstanz der hochelastischen Deformation $\varepsilon_e = \text{const.}$ (Bild 2) und dementsprechend durch die Konstanz der Geschwindigkeit der plastischen Deformation ($\dot{\varepsilon}_f = \text{const.}$ unter der Bedingung $\dot{\varepsilon} = \text{const.}$, Bild 3) oder durch das Erreichen des Maximums von $\dot{\varepsilon}_f$ unter der Bedingung $v = \text{const.}$ (Bild 4) sowie ein erhebliches Anwachsen der Spannung $p$ (Bild 1) und den Beginn des zweiten Bereiches eines beschleunigten Anstiegs der Viskosität $\lambda$ (Bild 5) gekennzeichnet. Anscheinend findet im zweiten Stadium des Reckprozesses auch der Hauptumbau der Struktur von Gelfäden statt, der von einer erzwungenen Synärese [2], einer teilweisen Zerstörung und Orientierung des Polymernetzwerkes und einer allgemeinen Verdichtung der Fadenstruktur begleitet wird.

Das dritte Stadium ist durch ein stationäres Fließen und durch eine in der Hauptsache beendete Bildung der Makrostruktur des Fadens mit ausreichend hoch orientierten Strukturelementen im Polymernetzwerk charakterisiert. Anscheinend erfolgt im dritten Stadium des Reckprozesses von Gelfäden die Zerstörung innerhalb der Strukturelemente, und die irreversible Verschiebung der Elemente der neuen Struktur im Polymernetzwerk entlang von „Gleitebenen" ist dem Vorgang analog, der in der Arbeit [8] beim Recken von Polyoxypropylenfolien aufgezeigt wurde. Dieser Prozeß verläuft ziemlich schnell bis zum Reißen der Probe. Die Länge des dritten Stadiums bezüglich der Gesamtdeformation hängt von der Fällbadzusammensetzung ab (Bild 4), was auch mit der Größe und Menge der Strukturelemente von Gelfäden in Zusammenhang stehen kann.

### 3.2. *Über den Zusammenhang zwischen den rheologischen Eigenschaften von Gelfäden und dem Charakter ihrer Porosität*

Es ist bekannt [5, 9, 10], daß sich der Charakter der Porosität von Polyacrylnitrilgelfäden in Abhängigkeit von der Zusammensetzung des Wasser/DMF-Fällbades ändert.

Bis zu einer DMF-Konzentration des Fällbades von 35 bis 40% beobachtet man eine beträchtliche Anzahl großer Kapillarhohlräume ($R > 10^{-5}$ cm). Im Konzentrationsbereich 35 bis 60% verringert sich die Größe und Anzahl der Makrohohlräume, und für Copolymerfäden verschwinden sie praktisch [5]. Die Poren werden kleiner und ihre Anzahl nimmt zu. Oberhalb einer DMF-Konzentration des Fällbades von 60% werden in den Gelfäden nur Mikroporen ($R < 10^{-5}$ cm) beobachtet. Sie tragen zu einer beträchtlichen Erhöhung der spezifischen Oberfläche der Poren [5] und zur Bildung einer lockeren Fadenstruktur mit einem biegsameren Polymernetzwerk [11] bei.

Die Änderung des Charakters der Porosität, der Reißspannungen $p_m$ und der maximalen hochelastischen Deformationen $\varepsilon_{em}$ verläuft symbat mit dem Anstieg der spezifischen Oberfläche der Poren $S$, während die Zunahme der kritischen Deformationen ($\varepsilon_c$) und der Reißdehnungen ($\varepsilon_m$) symbat mit der Erhöhung des $DMF/H_2O$-Verhältnisses und des spezifischen Porenvolumens $V_{Hg}$ erfolgt (Bild 6). Dies weist auf den Einfluß der Makrostruktur des Gels auf den Verlauf seiner Deformation und Reißkennlinien hin.

Somit kann man in erster Näherung feststellen, daß die Reißspannungen durch die Struktur und die Elastizität des Polymernetzwerkes der Polyacrylnitrilfäden und die Reißdehnungen durch die Menge des Lösungsmittels und das Gesamtporenvolumen des Fadens bedingt sind.

### 3.3. *Abhängigkeit der Gelfadenstruktur von der Fällbadzusammensetzung*

Ausgehend von den in Bild 6 wiedergegebenen Daten kann man eine Aufteilung in drei Bereiche der Fällbadzusammensetzung entsprechend drei Gruppen von Gelfäden vornehmen, die sich durch den Charakter der Porosität und die rheologischen Reißkennlinien unterscheiden: I — 0 bis 35%, II — 35 bis 60%, III. über 60%.

Die Gelfäden der Gruppe I und II haben eine steifere Struktur (Bild 1) und einen geringeren Lösungsmittelgehalt (gemäß dem Verhältnis zu Wasser) (Bild 6). Dies vermindert die Entwicklung hochelastischer Deformationen (Bild 2) und trägt zur Beschleunigung des irreversiblen Fließens (Bild 3, 4) bei. Die Übereinstimmung der Deformationscharakteristiken (Bild 1) und die Abhängigkeiten der Längsviskosität von der Deformation (Bild 5) für Gelfäden dieser Gruppen kann man durch die hohe Anzahl großer Kapillaren erklären.

Die Gelfäden der Gruppe III sind durch eine schnelle Entwicklung hochelastischer Deformationen und einen breiten Bereich der Änderung der rheologischen Eigenschaften in Abhängigkeit von der Dehnung (Bild 1, 5 und 6), der durch das Fehlen großer kapillarer Hohlräume bedingt ist, gekennzeichnet.

Es sei auch bemerkt, daß die beträchtliche Zunahme der Anfangssteifigkeit und der Plastizität der Gelfäden beim Übergang von Gruppe III zu den Gruppen I und II anscheinend darauf zurückzuführen ist, daß die Gelfäden der Gruppen I und II größere und dichtere Strukturelemente besitzen [5, 10], die beim irreversiblen Fließen im dritten Stadium des Reckprozesses (Bild 4) zu einem schnelleren Fadenbruch führen.

### *Literatur*

[1] *Papkov, S. P.:* Sammelbd. „Probleme der physikalisch-chemischen Mechanik von Fäden und porösen dispersen Strukturen und Materialien". Riga: Verlag „Znanie" 1967. S. 165.
—: Strukturbesonderheiten von aus konzentrierten Lösungen abgeschiedenen Polymeren. Vysokomol. Soed. (Hochmol. Verbind.) Serie A **10** (1968) 12, S. 2691 bis 2694; dt. in: Sowj. Beitr. Faserforsch. Textiltechnik **6** (1969) 4, S. 179—183.

[2] *Papkov, S. P.,* und *Prozorova, G. E.:* Änderung der viskoelastischen Fadeneigenschaften während des Erspinnens. Chim. Volokna (Chem. Fasern) (1969) 3, S. 24 bis 26; dt. in: Sowj. Beitr. Faserforsch. Textiltechnik **6** (1969) 10 S. 519—522.
*Prozorova, G. E.,* und *Papkov, S. P.:* Untersuchung des Erspinnens von Viskosefäden durch Spannungsmessungen. Chim. Volokna (Chem. Fasern) (1969) 3, S. 30—32; dt. in: Sowj. Beitr. Faserforsch. Textiltechnik **6** (1969) 10, S. 522—525.

[3] *Fichman, V. D., Raduškevič, B. V.,* und *Vinogradov, G. V.:* Fortschritte der Rheologie von Polymeren. Moskva; Chimija 1970, S. 9 bis 23, 24 bis 43.

[4] *Neverov, A. P.,* und *Pakšver, E. A.:* Untersuchung der rheologischen Eigenschaften von Polyacrylnitril-Gelfäden mittels Recken. 1. Mitt. Faserforschung und Textiltechnik **23** (1972) 2, S. 75—79.

[5] *Krasnov, E. P., Kruglova, G. S., Pakšver, A. B., Pakšver, É. A.* und *Semenov, Ju. P.:* Über die Makrostruktur und Porosität von Faserstoffen. Vysokomol. Soed. (Hochmol. Verbind.) Serie A **12** (1970) 8, S. 1706—1712.

[6] *Gröbe, V., Sandner, H.,* und *Reichert, H.:* Untersuchungen über den Fadenbildungsmechanismus beim Naßspinnen von Polyacrylnitril. Faserforsch. u. Textiltechnik **14** (1963) 3, S. 91—96.

[7] *Papkov, S. P., Antipova, R. V.,* und *Uchanova, Z. V.:* Zur Schrumpfung von Viskosefaserstoffen beim Trocknen im spannungslosen Zustand. Chim. Volokna Chem. Fasern (1968) 6, S. 40—42; dt. in: Sowj. Beitr. Faserforsch. Textiltechnik **6** (1969) 3, S. 134—137.

[8] *Kargin, V. A., Sogolova, T. I.,* und *Rubstejn, V. M.:* Über die Strukturumwandlungen von Polyoxypropylen bei großen einachsigen Zugdeformationen in einem breiten Temperaturbereich. Dokl. Akad. Nauk SSSR (Ber. Akad. Wiss. UdSSR) **175** (1967) 5, S. 1087—1089.

[9] *Semenov, Ju. P., Kostromin, V. P., Strel'cov, A. A., Semenova, N. A., Ševčenko, L. N.,* und *Pakšver, É. A.:* Einfluß der Fäll- und Reckbedingungen auf die Eigenschaften von Polyacrylnitrilfäden. Chim. Volokna (Chem. Faser) 1971 im Druck.

[10] *Gröbe, V.,* und *Mann, G.:* Strukturbildung beim Spinnen von Polyacrylnitrillösungen in wäßrige Fällbäder. Faserforsch. und Textiltechnik **19** (1968) 2, S. 49—55.

[11] *Čilipotkina, M. V., Tager, A. A., Makoyskaja, É. B.,* und *Parsina, V.:* Untersuchung der Natur des Einflusses des Lösungs- und Fällungsmittels sowie des Spinn- bzw. Formverfahrens auf die poröse Struktur von Polymeren. Vysokomol. Soed. (Hochmol. Verbind.) A **12** (1970) 5, S. 1082—1090.

*Eingegangen am 3. September 1971*

# Zur Fraktionierung von Polykondensaten

*Ingeborg Theil, Elena-Maria Calugaru und Dorel Feldman*
*Mitteilung aus dem Institut für makromolekulare Chemie „Petru Poni", Jassy/VR Rumänien*

DK 678.674:678.675:678.021.131:541.24.08:519.25

Es wurde eine Fraktioniersäule entwickelt, die nach dem Prinzip der Verteilung des Polymeren zwischen zwei flüssigen Phasen arbeitet. Mit dieser Säule kann die Fraktionierung von Polyamiden und Polyestern in kurzer Zeit und gut reproduzierbar ausgeführt werden.

*Фракционирование поликонденсационных полимеров*

Была разработана оригинальная колонка для фракционирования, работающая по принципу распределения между двумя жидкими фазами. Использование этой колонки для полиамидов и полиэфиров показало, что фракционирование возможно за короткое время с хорошей воспроизводимостью результатов.

*Fractionation of Condensation Polymers*

An original fractionation column working on the principle of the distribution of polymers between two liquid phases has been realised. The use of the column in polyamide and polyester cases showed that the working time is short and a good reproducibility of results can be achieved.

## *1. Einleitung*

Bei der Darstellung von makromolekularen Stoffen erhält man mit wenigen Ausnahmen stets polymolekulare Gemische, die Makromoleküle mit verschiedenen rel. Molekülmassen enthalten. Zur vollständigen Polymer-Charakterisierung ist neben der Messung des Mittels der rel. Molekülmasse auch die Bestimmung ihrer Verteilung erforderlich.

Gleiche Werte des Mittels der rel. Molekülmasse können sehr unterschiedlichen Verteilungsfunktionen entsprechen, welche die physikalisch-mechanischen Eigenschaften der Polymeren sowie auch die der Fertigprodukte (Fäden, Fasern, Plaste usw.) entscheidend beeinflussen können. Veränderungen der Verteilung der rel. Molekülmasse von Polykondensaten, sowohl Verbreiterungen [1] als auch Verschmälerungen [2] konnten bei der Verarbeitung wie z. B. beim Spinnen festgestellt werden. Dies sollte auf Abbau- oder Zwischenkettenaustauschreaktionen zurückzuführen sein. Andererseits wurde keine Veränderung der Verteilung der rel. Molekülmasse beim thermischen Abbau von Polyäthylenterephthalat im offenen System gefunden [3].

Eine große Anzahl von Arbeiten befaßte sich mit der theoretischen Ableitung der Verteilungsfunktion der rel. Molekülmasse von Polykondensaten [4 bis 14]. Gleichzeitig werden in der Fachliteratur verschiedene Fraktioniermethoden für Polykondensate beschrieben [15 bis 18]. Versuche zur Klärung der Faktoren, welche die Polydispersität beeinflussen, werden in [6, 19, 20] unternommen.

In den Tabellen 1 und 2 sind Fraktioniermethoden für Polyamide und Polyester sowie die verwendeten Lösungsmittel/Fällungsmittel-Systeme und einige Bemerkungen zu den Arbeitsbedingungen zusammengefaßt. Obwohl die fraktionierte Fällung in vielen Fällen angewendet wurde, empfehlen sich wegen des hohen Kristallinitätsgrades und des hohen Gehaltes an Nebenvalenzbindungen dieser Polymeren Methoden, die auf dem Prinzip der Verteilung des Polymeren zwischen zwei flüssigen Phasen beruhen [21].

Da die diskontinuierlichen Fraktionierungsmethoden im allgemeinen zeit- und arbeitsaufwendig sind, wurden in letzter Zeit kontinuierliche Methoden wie Fällung, Elution und Gelchromatographie entwickelt.

## *2. Experimenteller Teil*

Ergebnis zahlreicher Versuche war die in Bild 1 dargestellte Fraktioniersäule [22], mit der gut reproduzierbare Fraktionierungsergebnisse erhalten wurden. Die Säule wurde zur Fraktionierung sowohl von Polycaprolactam (Bilder 2 und 3) als auch von Polyäthylenterephthalat (Bilder 4 und 5) eingesetzt.

Mit dieser Fraktioniersäule können die beiden Polykondensatfaserstoffpolymeren in relativ kurzer Zeit (8 bis 20 h) in eine größere Anzahl von Fraktionen zerlegt werden. Die Polymerprobe wird in einer Lösungsmittel/Fällungsmittel-Mischung gelöst; die Konzentration des Polymeren und das Verhältnis Lösungsmittel/Fällungsmittel werden so gewählt, daß sich bei einer bestimmten Temperatur ein Einphasensystem nahe dem Fällungspunkt bildet [23, 24].

Die Polymerlösung wird durch das eine Rohr bis auf den Boden der thermostatisierten Säule gebracht und dann mit einer geeigneten Lösungsmittel/Fällungsmittel-Mischung mit kontinuierlich steigendem Lösevermögen eluiert. Das Fraktioniergemisch fließt durch das Überlaufrohr durch die Mitte der Säule ab und wird in einem Fraktionssammelgefäß aufgefangen. Da der Anteil des Lösungsmittels im Gemisch mit zunehmender Fraktionierdauer erhöht wird, werden die niedermolekularen Anteile zuerst abgetrennt. Zur Verbesserung der Funktion der Säule wird diese mit Glaskugeln gefüllt.

Die integralen und differentiellen Verteilungskurven wurden nach bekannten Methoden berechnet [25].

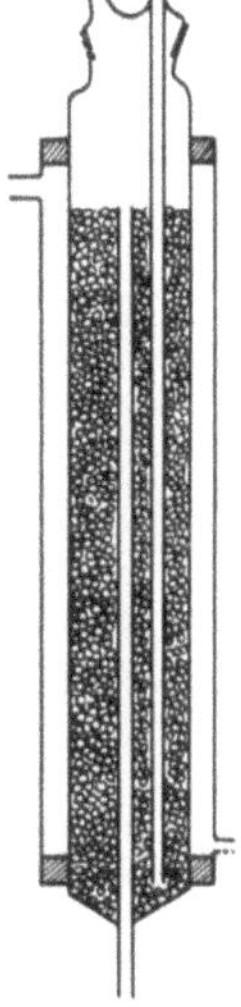

Bild 1. Fraktioniersäule

*Tabelle 1. Fraktionierverfahren und Fraktioniersysteme für Polyamide*
*(PA 6 = Poly-ε-Caprolactam, PA 6.6 = Polyhexamethylenadipamid)*

| Nr. | Polymeres | Methode | Fraktioniersystem | Temperatur Bemerkungen | Lit. |
|---|---|---|---|---|---|
| 1 | PA 6 | Fällungsfraktionierung | Phenol/Wasser | 70 °C 45 Tage | 28 |
| 2 | Copoly-amide | ,, | Phenol/Wasser | 80 °C | 29 |
| 3 | PA 6 | ,, | Phenol/Wasser | 70 °C | 30 |
| 4 | PA 6 | ,, | m-Kresol/Petroläther | | 31 |
| 5 | PA 6.6 | ,, | m-Kresol/Cyclohexan | 25 °C | 32 |
| 6 | PA 6 | ,, | m-Kresol/Cyclohexan | | 33 |
| 7 | verschiedene PA | ,, | Kresol/Benzin, Ligroin | | 34 |
| 8 | PA 6 | Lösefraktionierung | Phenol | | 35 |
| 9 | PA 6 | ,, | Ameisensäure/Propylacetat | 20 °C | 36 |
| 10 | Copoly-amide | ,, | Methanol/Wasser | 35 °C | 37 |
| 11 | PA 6 | ,, | verschiedene Löser/Nichtlöser | | 38 |
| 12 | PA 6 | Koazervationsverfahren | Phenol/Äthylenglykol/Wasser | | 39 |
| 13 | PA 6 | Verteilung zwischen zwei nichtmischbaren Phasen | m-Kresol/Benzin Phenol/Benzin | | 41 |
| 14 | PA 6 | ,, | Phenol/Wasser | 70 °C | 40 |
| 15 | PA 6 PA 6.10 | ,, | Phenol/Wasser | 70 °C | 26 |
| 16 | PA 6 | ,, | Phenol/Tetrachloräthan | 25 °C | 42 |
| 17 | PA 6 | Diffusion | Salzsäure/Ammoniumsulfat | 25 °C | 43 |
| 18 | PA 6 | Trübungstitration | m-Kresol/Methanol | | 44 |
| 19 | PA 6 | ,, | m-Kresol/Benzin | 50 °C | 44 |
| 20 | PA 6 | ,, | m-Kresol/i-Butanol + Benzin + Cyclohexan | 20 °C | 45 |
| 21 | PA 6 | ,, | Kresol/Benzin + Tetrachloräthan | 20 °C | 45 |
| 22 | PA | ,, | Ameisensäure/Propylacetat | | 46 |
| 23 | PA 6 | ,, | m-Kresol/Cyclohexan | 25 °C, 24 h | 47 |
| 24 | PA 6 | ,, | Salzsäure/Ammoniumsulfat | | 48 |
| 25 | PA 6 | ,, | m-Kresol/n-Hepten | 20 °C | 49 |
| 26 | PA 6 | ,, | Phenol + Wasser/Äthanol | | 50 |
| 27 | PA 6 | Chromatographie | Ameisensäure/Wasser | | 51 |
| 28 | PA 6 | Papierchromatographie | Butanol-(2)/Ammoniak 20% | wasserlösliche PA | 52 |
| 29 | PA 6 | Thermodiffusion | Ameisensäure | | 53 |
| 30 | PA 6.6 | Sedimentation | Methanol | | 54 |
| 31 | PA 6 | Ultrazentrifuge | $CF_3COOH/CF_3COONa$ | 52000 ···54000 U/min. | 55 |

### 3. *Fraktionierung von Polyamiden*

Die Polycaprolactamprobe wurde in einer Mischung Phenol/Wasser (90:10) bei 70 °C gelöst. Die Fraktionierung des Polyamids wurde in Phenol/Wasser-Mischungen bei 70 °C ± 0,5 grd durchgeführt. Die Konzentration der Ausgangslösungsmittel/Fällungsmittel-Mischungen war 50:50, 60:40 und 70:30. Es wurde unmattiertes (Bild 2) und mattiertes Polycaprolactam (Bild 3) (Typ Relon-Savinesti) verwendet.

Bei den mattierten Polymeren mußte das $TiO_2$ durch Zentrifugieren (16000 U/min) einer 5%igen Polymerlösung in 80%iger Ameisensäure entfernt werden. Nach der Abtrennung des $TiO_2$ wurden reproduzierbare Ergebnisse erhalten.

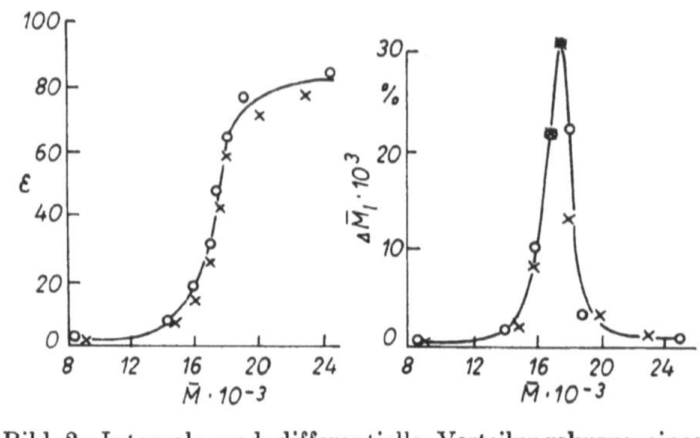


Bild 2. Integrale und differentielle Verteilungskurve eines nichtmattierten Polyamids

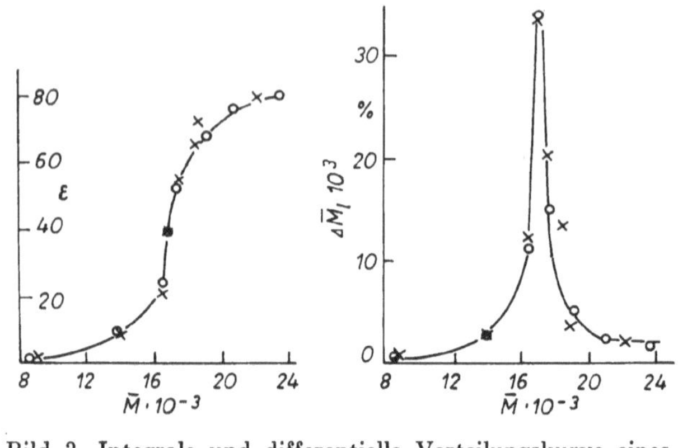


Bild 3. Integrale und differentielle Verteilungskurve eines mattierten Polyamids

*Tabelle 2. Fraktionierverfahren und Fraktioniersysteme für Polyester (PÄT = Polyäthylenterephthalat)*

| Nr. | Polymeres | Methode | Fraktioniersystem | Temperatur Bemerkungen | Lit. |
|---|---|---|---|---|---|
| 1 | PÄT | Fällungsfraktionierung | Phenol + Tetrachloräthan 1:1/Benzin, Ligroin | | 44 |
| 2 | PÄT | ,, | Phenol + Tetrachloräthan 2:3/Benzin, Ligroin | 100 °C | 57 |
| 3 | PÄT | ,, | Phenol + Chlorbenzol/Benzin | | 58 |
| 4 | PÄT | ,, | Phenol + Dichloräthan/Benzol | | 59 |
| 5 | PÄT | ,, | Phenol/Cyclohexan | 70 °C | 27 |
| 6 | PÄT | ,, | Phenol/Äthanol | 50 °C | 60 |
| 7 | PÄT | ,, | m-Kresol/Ligroin | 50 °C | 61 |
| 8 | PÄT | ,, | Dimethylformamid | durch Abkühlen | 61 |
| 9 | PÄT | ,, | Phenol + Tetrachloräthan 1:1/Hexan | 20 °C | 62 |
| 10 | PÄT | ,, | o-Chlorphenol/Hexan | Zimmertemperatur | 63 |
| 11 | PÄT | ,, | Aceton–Wasser | | 64 |
| 12 | PÄT | ,, | Phenol + Tetrachloräthan/n-Heptan | durch Abkühlen | 65 |
| 13 | PÄT | ,, | o-Chlorphenol/n-Heptan | Dreiecks- u. sukzessive Frakt. | 66 |
| 14 | PÄT | Lösefraktionierung | Phenol/Tetrachloräthan/Nonan | 95 °C | 36 |
| 15 | PÄT | ,, | Phenol/Tetrachloräthan/Nonan | 95 °C | 67 |
| 16 | PÄT | ,, | verschiedene Löser/Nichtlöser | | 38 |
| 17 | Poly-ester | ,, | Toluol/n-Heptan | 30 °C | 68 |
| 18 | PÄT | Verteilung zwischen zwei nichtmischbare Phasen | m-Kresol/Petroläther | 20 °C | 61 |
| 19 | PÄT | ,, | Phenol + Tetrachloräthan/Heptan | 50 °C, ungefähr 50 h | 69 |
| 20 | PÄT | ,, | Phenol + Tetrachloräthan 1:1/ n-Heptan | | 3, 70, 71 |
| 21 | PÄT | ,, | Phenol/n-Heptan | 56 °C, 32 h | 24 |
| 22 | PÄT | Trübungstitration | Phenol + Tetrachloräthan + Benzin 1:3:4-Benzin | 25 °C | 72 |
| 23 | PÄT | Chromatographie | Trifluoressigsäure/Chloroform | Kohle als Träger | 73 |
| 24 | PÄT | ,, | Phenol/Tetrachloräthan/n-Heptan | | 74 |
| 25 | Poly-ester | ,, | Dichlormethan, Dichlormethan + Methanol | Temperatur-gradient 26···1 °C | 75 |
| 26 | Poly-ester | Gelchromatographie | Dimethylformamid | Oligoester, auf Sephadex | 76 |

Die Fraktionen wurden in heißer 2%iger wäßriger NaCl-Lösung ausgefällt. Die rel. Molekülmassen der Fraktionen wurden viskosimetrisch bestimmt (in 96,4%-iger Schwefelsäure bei 20 °C); zur Berechnung der rel. Molekülmassen wurden folgende Beziehungen verwendet [26]:

$$\sqrt{\bar{P}_n} = 1{,}812([\eta] - 0{,}04)\left(1 + \sqrt{1 + \frac{31{,}19}{[\eta] - 0{,}04}}\right),$$

$$[\eta] = \frac{2}{C}\left(\sqrt{\eta_{\text{rel}}} - 1\right).$$

*4. Fraktionierung von Polyäthylenterephthalat*

Als Fraktioniersystem kam eine Mischung Phenol/Benzin (Siedepunkt des Benzins 90 bis 100 °C) zur Anwendung [77]. Polyäthylenterephthalat wurde in Phenol bei 70 °C gelöst, die Fraktionierung wurde bei 56 °C ± 0,5 grd ausgeführt. Die Elutionsmischungen enthielten Phenol und Benzin im Verhältnis 45:65; 57,5:42,5 und 70:30.

Auch in diesem Falle wurde das Mattierungsmittel durch Zentrifugieren einer Lösung des Polyesters in einer Phenol/Tetrachloräthan-Mischung abgetrennt. Die

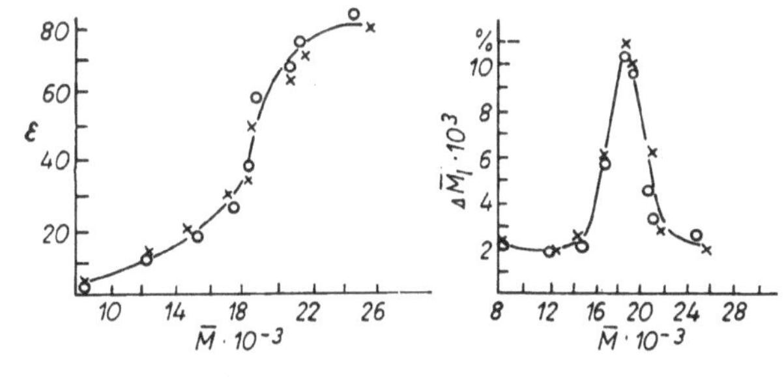


Bild 4. Integrale und differentielle Verteilungskurve eines nichtmattierten Polyäthylenterephthalats

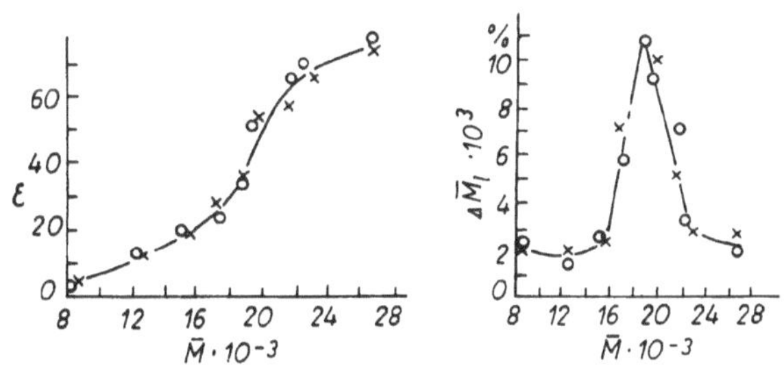


Bild 5. Integrale und differentielle Verteilungskurve eines mattierten Polyäthylenterephthalats

Ergebnisse der Fraktionierung von unmattiertem und mattiertem Polyäthylenterephthalat (Typ TEROM — UFS Iaşi) werden in den Bildern 4 und 5 wiedergegeben.

Die Fraktionen wurden in heißem Aceton ausgefällt. Die Bestimmung der rel. Molekülmassen erfolgte viskosimetrisch bei 20°C in Phenol/Tetrachloräthan (1:1); zur Berechnung wurden folgende Viskositäts/Molekülmassen-Beziehung verwendet [27]:

$$[\eta] = 7{,}55 \cdot 10^{-4} \cdot \overline{M_n}^{0{,}685}.$$

*Zusammenfassung*

Es wird ein kontinuierliches Fraktionierverfahren für Polyäthylenterephthalat und Polycaprolactam beschrieben.

Die Fraktioniersäule arbeitet nach dem Prinzip der Verteilung des Polymeren zwischen zwei flüssigen Phasen.

Die beschriebene Fraktioniermethode erlaubt die Bestimmung der Verteilung der rel. Molekülmassen in kurzer Zeit und führt zu gut reproduzierbaren Ergebnissen.

*Literatur*

[1] *Ciampa, G., Paolille,* und *R.:* Molecular weight distribution in some samples of poly (ethylene terephthalate). Rend. Acad. Sci. Fiz. Mat. **26** (1959) S. 459—470.

[2] *Turska, E.,* und *Skwarski, T.:* Ein Beitrag zur Polymolekularität von Polyäthylenglykolterephthalat bei Depolymerisationsprozessen. Makromol. Symposium Wiesbaden 1959, III B 13.

[3] *Gehrke, K.,* und *Reinisch, G.:* Untersuchungen zur Molekulargewichtsverteilung von Polyäthylenterephthalat. Makromol. Symposium Praha 1965, Preprint 444.

[4] *Flory, J. P.:* Principles of Polymer Chemistry. New York. Cornell Ithaca 1953.

[5] *Schulz, G. V.:* Löslichkeit und Fällbarkeit der hochmolekularen Stoffe. Z. physik. Chemie **A 182** (1938) S. 127.

[6] *Korshak, V. V.,* und *Vinogradova, S. V.:* Polyesters. Oxford: Pergamon Press 1965.

[7] *Howard, G. J.:* The molecular weight distribution of condensation polymers. In: Progress in High Polymers, Bd. I, Hgg. von *J. C. Robb* und *F. W. Peaker.* London: Heywood 1961.

[8] *Griehl, W.:* Ein Beitrag zur Molekulargewichtsverteilung bei Polykondensationsprodukten. Faserforsch. u. Textiltechnik **6** (1955) S. 260—268.

[9] *Sippel, A.,* und *Albin, K.:* Zur Auswertung und Darstellung von Fraktioniererergebnissen bei Polykondensaten. Faserforsch. u. Textiltechnik **19** (1968) S. 145 bis 148.

[10] *Sippel, A.,* und *Albin, K.:* Bemerkungen zur Frage der Polymerisationsgradverteilung bei Polykondensaten. Faserforsch. u. Textiltechnik **19** (1968) 7, S. 333.

[11] *Sippel, A.,* und *Albin, K.:* Zur Theorie der Polymerisationsgradverteilung. IV. Kolloid Z./Z. Polymere **204** (1965) 1/2, S. 16—20.

[12] *Fajnerman, A. E.,* und *Poljakova, V. M.:* Vergleich der experimentell gefundenen und der theoretisch errechneten Molekulargewichtsverteilungen von Poly-ε-caproamid. Vysokomol. Soed. (Hochmol. Verbind.) **8** (1966) 3, S. 419—421; dt. in: Sowj. Beitr. Faserforsch. Textiltechnik **3** (1966) 7, S. 344—346.

[13] *Fajnerman, A. E.:* Zur Frage der Verteilungsfunktion bei Polykondensaten. Faserforsch. u. Textiltechnik **21** (1970) 5, S. 215—217.

[14] *Fajnerman, A. E.,* und *Poljakova, V. M.:* Über ein Verfahren zur linearen Darstellung der wahrscheinlichsten Verteilung nach Flory. Vysokomol. Soed. (Hochmol. Verbind.) **A 10** (1968) 5, S. 1214—1216. dt. in: Sowj. Beitr. Faserforsch. Textiltechnik **5** (1968) 9, S. 449—451.

[15] *Cantow, M. J. R.:* Polymer Fractionation. New York: Academic Press 1967.

[16] *Hall, R. W.:* Fractionation of High Polymers. In: Techniques of Polymer Characterisation. Hgg. von *P. W. Allen.* London: Butterworths Scientific Publications 1959.

[17] *Guzman, G. M.:* Fractionation of High Polymers. In: Progress in High Polymers, Bd. I. Hgg. von *J. C. Robb* und *F. W. Peaker.* London: Heywood 1961.

[18] *Simionescu, C. I.,* und *Uglea, C. V.:* Fractionarea compuşilor macromoleculari. Editura Academiei RSR 1969.

[19] *Turska, E., Skwarski, T.,* und *Szapiro, S.:* The mechanism of growth of macromolecules of poly (ethylene terephthalate) during polycondensation. J. Polymer Sci. **30** (1958) S. 391—398.

[20] *Geller, A. A., Konkin, A. A.,* und *Mjagkov, V. A.:* Fraktionsmäßige Zusammensetzung von Polyäthylenterephthalat. Chim. Volokna (Chem. Fasern) (1960) 3, S. 10—12.

[21] *Schulz, G. V.,* und *Nordt, E.:* Die Trennung polymolekularer Gemische durch Zerlegen in Fraktionen. J. prakt. Chemie **155** (1940), S. 115.

[22] *Feldman, D., Theil, I.,* und *Călugăru, E. M.:* Coloană de fracţionare a polimerilor — Fraktioniersäule für Polymere. — Patentanmeldung Nr. 62. 635 vom 3. III. 1969.

[23] *Duveau, N.,* und *Piguet, A.:* Fractionnement des polyamides par une methode en continu. J. Polymer Sci. **57** (1962) S. 357—367.

[24] *Pailhes, F., Alliot-Lugaz, M., Duveau, N.,* und *Kyritsos, J.:* Fractionnement du polyterephthalate d'ethylene par une methode en continu. J. Polymer Sci. **C 16** (1967) S. 1177—1190.

[25] *Mark, H.* und *Raff, R. (Eds.):* High Polymeric Reactions. New York: Interscience 1941.

[26] *Lonza, R., Butturini, R.,* und *Pinciroli, A.:* Analyse des Polykaprolactams. SNAM-Laboratori riuniti studi e richerche Milano.

[27] *Koepp, H.-M.,* und *Werner, H.:* Endgruppenbestimmung und molekulare Verteilung bei Polyäthylenterephthalat. Makromol. Chemie **32** (1969) S. 79—89.

[28] *Taylor, G. B.:* The distribution of molecular weight of Nylon as determined by fractionation in a fenol-water system. J. amer. chem. Soc. **69** (1947) S. 638 to 644.

[29] *Batzer, H.,* und *Möschle, A.:* Über die Eigenschaften von Mischpolyamiden in Lösung und im festen Zustand. Makromol. Chemie **22** (1957) S. 195—236.

[30] *Wiloth, F.:* Mechanismus und Kinetik der Polymerisation von ε-kaprolaktam im Beisein von Wasser. I. Molekulare Verteilungsfunktion des linearen Polykaprolactams (Perlon). — Makromol. Chemie **14** (1954) S. 156—168.

[31] *Griehl, W.,* und *Lückert, H.:* Critical studies on the determination of the heterogeneity of polyamides. J. Polymer Sci. **30** (1958) S. 399—412.

[32] *Howard, G. J.:* Molecular weight distribution of nylon 66. J. Polymer Sci. **37** (1959) 131, S. 310—313.

[33] *Juilfs, J.:* Molecular-length distribution of high polymeric fiber materials. II. Fractional precipitation of polyamides. Kolloid-Z. **141** (1955) S. 88—94.

[34] *Rybnikar, F.:* Fractionation of polyethylene terephthalate. Coll. czechoslov. chem. Commun. **21** (1956) S. 1627—1630.

[35] *Hermans, P. H., Heikens, D.,* und *van Valden, P. F.:* A direct analytical test of the Flory-Schulz distribution in nylon-6-type equilibrium polymers. J. Polymer Sci. **16** (1955) S. 451—457.

[36] *Fuchs, O.:* Bestimmung der Molgewichtsverteilung durch Lösungsfraktionierung. Z. Elektrochemie **60** (1956) S. 229—237.

[37] *Pavlov, A. V., Aldoshin, V. G.,* und *Frenkel, S. Ja.:* Molekulargewichtsverteilung von Mischpolyamiden. Vysokomol. Soed. (Hochmol. Verbind.) (1964) S. 1600 bis 1605.

[38] *Turska, E.,* und *Utracki, L.:* The phenomena of coacervation. J. appl. Polymer Sci. **2** (1959) S. 46—55.

[39] *Łaczkowski, M.,* und *Turska, E.:* The possibility of obtaining coacervates of polyamides and the application of these systems for fractionation. Roczniki Chem. **29** (1955) S. 941—942.

[40] *Hoshino, K.,* und *Watanabe, M.:* Studies on synthetic polyamides. XVIII. On hydrolysis of polycaproamide. J. amer. chem. Soc. **73** (1951) 10, S. 4816—4818.

[41] *Minţer, I.,* und *Birnbaum, S.:* The determination of the molecular distribution function of polycaprolactam by

selectiv partion in systems of immiscibil liquids. Rev. Chim., București 8 (1957) S. 271–278.
[42] *Turska, E.*, und *Matuszewska-Czerwik, J.*: Eine Schnellmethode zur Fraktionierung von Polyamiden. Polimery, Warszawa 8 (1963) 1, S. 13.
[43] *Fomina, L. L.*, *Ginodman, R. A.*, und *Pavlov, A. V.*: Änderung der gravimetrischen Molekulargewichtsverteilung des Poly-ε-caproamids während des Alterungsprozesses unter Wärmeeinfluß. Plast. Massy, Moskva (Plast. Massen) (1970) 10, S. 45–46.
[44] *Gordijenko, A.*: Fraktionierung der synthetischen Spinnstoffe. Faserforsch. u. Textiltechnik **4** (1953) S. 499–507.
[45] *Gordijenko, A.*, *Griehl, W.*, und *Sieber, H.*: Ermittlung der Polymerisationsgradverteilung bei Perlon mit Hilfe der Trübungstitration. Faserforsch. u. Textiltechnik **6** (1955) 3, S. 105–113.
[46] *Claesson, St.*: Calculation of molecular weight distribution functions from turbidimetric titration and similar data. J. Polymer Sci. **16** (1955) S. 193.
[47] *Howard, G. J.*: Turbidimetric titration of nylon 66. J. Polymer Sci. **A 1** (1963) 8, S. 2667–2678.
[48] *Poljakova, V. M.*, *Fajnerman, A. E.*, und *Vojcechotskij, R. V.*: Anwendung des Diffusionsaussalzens für die Beurteilung der Molekulargewichtsverteilung bei Polycaproamid. Vysokomol. Soed. (Hochmol. Verbind.) **6** (1964) 3, S. 432–433; dt. in: Sowj. Beitr. Faserforsch. Textiltechnik **1** (1964) 3, S. 123–124.
[49] *Gehrke, K.*: Versuche zur Trübungstitration von Perlon. Faserforsch. u. Textiltechnik **17** (1966) S. 524–525.
[50] *Bardina, G. M.*, *Speranskij, A. A.*, *Murav'ev, V. K.*, und *Charitonov, V. M.*: Bestimmung der Molekulargewichtsverteilung im Polycaproamid mit Hilfe der Trübungstitration. Chim. Volokna (Chem. Fasern) (1968) 2, S. 26–28.
[51] *Ayers, C. W.*: The chromatographic separation of polyamides. Analyst **78** (1953) S. 382–383.
[52] *Yumoto, H.*, und *Ogata, N.*: Studies on polymerization and depolarization of ε-caprolactam polymer. IV. Molecular weight distribution of the water soluble chain molecules in poly-ε-caproamide. Makromol. Chemie **25** (1957) 1/2, S. 91–102.
[53] *Langhammer, H.-G.*: Thermodiffusion der Makromoleküle in Lösung. Svensk Kem. Tidskrift **69** (1957) S. 328 bis 342.
[54] *Bresler, S. E.*, *Koršak, V. V.*, *Pavlova, S. A.*, und *Finogenov, P. A.*: Experimentelle Untersuchungen der Verteilungsfunktion von Polyamiden nach den Molekulargewichten. Dokl. Akad. Nauk SSSR (Ber. Akad. Wiss. UdSSR) **87** (1952) 6, S. 961–964.
[55] *Pavlov, A. V.*, *Bresler, S. E.*, und *Rafikov, S. R.*: Molekulargewichtsverteilung von anionisch polymerisiertem Poly-ε-caproamid. Vysokomol. Soed (Hochmol. Verbind.) **6** (1964) 11, S. 2068–2072.
[57] *Rybnikar, F.*: Die Fraktionierung von Polyäthylenterephthalat. Chem. Listy, Praha (Chem. Bl.) **50** (1956) S. 1190–1192.
[58] *Aisenstein, E. M.*, und *Jivina, M. J.*: Über die Bestimmung des Molekulargewichts von Polyäthylenterephthalat (Lawsan). Chim. Volokna (Chem. Fasern) (1964) 2, S. 74–75.
[59] *Kuznetsov, E. V.*, *Vizel, A. O.*, *Shermergorn, I. M.* u. *Tyulenev, S. S.*: Verhältnis zwischen dem Molekulargewicht von Polyäthylenterephthalat und der Viskosität seiner Lösung in Phenol-Dichloräthan-Lösung. Vyssokomol. Soed. (Hochmol. Verbind.) (1960) S. 205 bis 209.
[60] *Turska-Kusmierz, E.*, und *Skwarski, T.*: Methode zur Bestimmung der rel. Molekülmasse von Terilene. Pr. Inst. Włokienu. (Arb. Inst. Textiltechnol.) **2** (1953) 3, S. 49–62.
[61] *Ueberreiter, K.*, und *Götze, Th.*: Zur Fraktionierung von Polyäthylenterephthalat. Makromol. Chemie **29** (1959) S. 61–69.
[62] *Dascălu, L.*, *Petroianu, S.*, *Nistor, M.*, und *Alexandru, L.*: Untersuchungen auf dem Gebiet der Polyesterfasern. I. Molekulargewichtsverteilung von Polyäthylenterephthalat. Materiale plast., București, **2** (1965) S. 341–346.
[63] *Moore, W.*, und *Sheldon, R. P.*: Fractionation of polyethylene terephthalate. J. Textile Inst. **50** (1959) S. T 294 bis T 296.
[64] *Ivanfi, J.*: Fraktionsverteilung und Eigenschaften einiger bei verschiedenen Temperaturen im Laboratorium hergestellter Alkydharze. Plaste u. Kautschuk **13** (1966) 11, S. 681–687.
[65] *Villim, O.*, *Novak, I.*, und *Esnerova, J.*: Preparative Fractionation and the determination of the molecular weight distribution of polyethylene terephthalate. Chem. Listy, Praha (Chem. Bl.) **61** (1967) S. 513–519.
[66] *Meyerhoff, G.*, und *Shimotsuma, S.*: Das Lösungsverhalten von Polyäthylenterephthalat. Makromol. Chemie **135** (1970) S. 195–217.
[67] *Haseley, E. A.*: A correction technique for fractionation data and its application to the fractionation of polyethylene terephthalate. J. Polymer Sci. **35** (1959) 128, S. 309–313.
[68] *Nagato, T.*: Fraktionierung von Alkydharzen durch Filmextraktion. Shikizai Kyokaishi (1968) 8, S. 371 bis 376.
[69] *Turska, E.*, und *Skwarski, T.*: Neue Methode zur Fraktionierung von Polyäthylenterephthalat. Zesz. nauk Politechn. Łódźkiej (Wiss. H. Techn. Hochsch. Łódź) Chemia (Chemie) **5** (1957) S. 21–28.
[70] *Gehrke, K.*, und *Reinisch, G.*: Untersuchungen der Molekulargewichtsverteilung von Polyäthylenterephthalat während der Polykondensation und bei thermischem Abbau. Faserforsch. u. Textiltechnik **17** (1966) 5, S. 201–207.
[71] *Reinisch, G.*, *Rafler, G.*, und *Timofejewa, G.*: Selektivitätsuntersuchungen an einer Zweischichtenfraktionierung von Polyäthylenterephthalat. Angew. makromol. Chemie **7** (1969) S. 110–120.
[72] *Vyrskij, Yu. P.*, *Klapovskaia, O. A.*, *Andrianova, N. V.*, und *Alkaeva, O. F.*: Schnellmethode zur Bestimmung der Verteilung der rel. Molekülmassen von Polyäthylenterephthalat. Vysokomol. Soed. (Hochmol. Verbind.) **A 10** (1968) 7, S. 1688–1693; dt. in: Sowj. Beitr. Faserforsch. Textiltechnik **5** (1968) 11, S. 561–564.
[73] *Bruck, St. D.*: Chromatographic fractionation of polyethylenterephthalate. J. Polymer Sci. **32** (1958) S. 519 bis 521.
[74] *Łaczkowski, M.*, und *Melon, J.*: Zur Fraktionierung von faserbildenden Polymeren. Faserforsch. u. Textiltechnik **11** (1960) 1, S. 1–6.
[75] *Glöckner, G.*: Über die Ermittlung der Molekulargewichtsverteilung durch Baker-Williams-Fraktionierung und die Fällungschromatographie von Polykondensaten. Plaste und Kautschuk **12** (1965) 2, S. 96 bis 102.
[76] *Koršak, V. V.*, *Gratcheva, L. I.*, *Vahtina, I. A.*, und *Schoschtaeva, M. V.*: Änderung der gravimetrischen Molekulargewichtsverteilung von komplexen Oligoestern während der Synthese. Plast. Massy, Moskva (Plast. Massen) (1970) 10, S. 10.
[77] *Schneider, E.*, *Theil, I.*, und *Rozmarin, Gh.*: Fraktionierung von Polyäthylenterephthalat durch eine kontinuierliche Methode (im Druck).

*Eingegangen am 2. April 1971*

# Untersuchungen zur Quellung und Lösung von Cellulose in aminhaltigen Flüssigkeitsgemischen

## 2. Mitt.: Untersuchungen zur Löslichkeit von Cellulose in Dimethylsulfoxid/Amin-Gemischen[1])

*Adel Koura, Harry Schleicher und Burkart Philipp*
*Deutsche Akademie der Wissenschaften zu Berlin, Institut für Faserstoff-Forschung in Teltow-Seehof*

DK 661.728.3:547—145.4:541.8:532.77:532.73

Nach einer kurzen Charakterisierung der Systeme Amin/DMSO, Methylamin/Cellulose und DMSO/Cellulose wird der Einfluß von Lösezeit und -temperatur, Zusammensetzung des Lösegemisches, Cellulosestruktur und Vorbehandlung der Celluloseprobe auf die Auflösung von Cellulose im System DMSO-Methylamin beschrieben.

*Исследование набухания и растворения целлюлозы в содержащих амины смесях жидкостей*
*Сообщ. 2-е: Исследование растворимости целлюлозы в смесях диметилфоксид-амин*

Приведена краткая характеристика систем: амин/ДМСО, метиламин/целлюлоза и ДМСО/целлюлоза. Показано влияние времени и температуры растворения, состава смешенного растворителя, структуры целлюлозы и предварительной обработки образца целлюлозы на растворение целлюлозы в системе ДМСО/метиламин.

*Investigations of Swelling and Dissolution of Cellulose in Amine-containing Mixtures of Solvents.*
*2nd Comm.: Investigations of the Solubility of Cellulose in Dimethylsulphoxide/Amine Mixtures*

After characterising the properties of the systems amine/DMSO, methylamine/Cellulose and DMSO/cellulose the effects of time and temperature of dissolution, composition of the mixed solvents, structure and pretreatment of the cellulose on its dissolution in the system DMSO/methylamine are described.

### 1. Einleitung

Bei den bisher in der Literatur beschriebenen Untersuchungen über Systeme von Cellulose und aliphatischen Aminen wurde mit Ausnahme einer Arbeit von *Paszner* [1], der u. a. ein Gemisch von Äthylamin und Morpholin verwendete, entweder ein reines Amin oder eine wäßrige Aminlösung eingesetzt und dabei unter bestimmten Bedingungen eine Gitteraufweitung in den geordneten Bereichen bzw. nach Entfernen des Amins eine Ordnungsverringerung (sog. „Dekristallisation") erzielt [2, 3]. In der folgenden Arbeit sollte geprüft werden, ob durch gemeinsames Einwirken von Aminen und quellend wirkenden organischen Lösungsmitteln auf Cellulose zusätzliche Effekte zu erzielen sind. Da Versuche von *Klenkova* u. Mitarb. [4] zur Strukturveränderung der Cellulose mit verschiedenen nichtwäßrigen Medien ergeben hatten, daß von allen untersuchten Aminen das Monomethylamin und von allen herangezogenen Lösungsmitteln Dimethylsulfoxid (DMSO) zur stärksten Vergrößerung der inneren Oberfläche der Cellulose führen, wurden von uns Vorversuche mit Lösungen von Methylamin in DMSO durchgeführt und dabei festgestellt, daß diese Lösungen Cellulose stark zu quellen bzw. unter bestimmten Bedingungen sogar aufzulösen vermögen [5]. Hier soll über systematische Untersuchungen zur Auflösung von Cellulose in diesem System berichtet werden, bei denen sowohl die äußeren Parameter wie Lösetemperatur und -zeit als auch die Zusammensetzung des Lösungsmittelgemisches und die Struktur der Cellulose variiert wurden.

### 2. Bemerkungen zur Versuchsmethodik

Als Ausgangspräparate dienten eine gebleichte und gebeuchte Baumwolle ($DP_{Cu} = 1824$), ein Fichtensulfit-Textilzellstoff ($DP_{Cu} = 655$) und eine Viskosezellwolle ($DP_{Cu} = 345$). Die Proben wurden sowohl im ursprünglichen Zustand als auch nach heterogener Hydrolyse bzw. nach Umfällung in Cuoxam [6] bzw. der Zellstoff als regenerierte Alkalicellulose eingesetzt, und zwar im lufttrockenen Zustand nach Zerkleinern in einer Schlagmühle.

Zur *Herstellung der DMSO/Amin-Gemische* wurde Methylamin unter Kühlung auf 0 °C in DMSO eingeleitet bis zu einem Gehalt von ca. 25 Masse% und diese Stammlösung dann bei 0 °C aufbewahrt und nach Bedarf mit DMSO verdünnt.

Zur *Löslichkeitsbestimmung* wurden, falls nicht anders angegeben, 0,5 g lufttrockene Cellulose bekannten Feuchtegehalts in einen 100 ml-Standkolben eingewogen, dann 50 ml des auf Lösetemperatur vortemperierten Lösegemisches zugesetzt und nach kurzem Umschütteln 2 h bei der vorgesehenen Lösetemperatur stehengelassen. Nach nochmaligem Umschütteln wurde 15 min bei 5000 U/min zentrifugiert, der Rückstand mit 8%iger Methylaminlösung in DMSO versetzt, erneut zentrifugiert, dann dasselbe nochmals mit reinem DMSO wiederholt.

Nach Waschen des Löserückstandes mit destilliertem Wasser wurde bei 105 °C getrocknet. Die DP-Bestimmung im Ausgangspräparat, im Löserückstand und gegebenenfalls an dem durch Eingießen der auf 1% Cellulose mit DMSO verdünnten Lösung in einen großen Überschuß an Wasser und Auswaschen mit Aceton, Äther und Cyclohexan regenerierten gelösten Anteil erfolgte nach der konventionellen Cuoxam-Methode.

### 3. Versuchsergebnisse und Auswertung

#### 3.1. Bemerkungen zur Charakterisierung der beteiligten binären Systeme Amin/DMSO; Amin/Cellulose; DMSO/Cellulose

#### 3.1.1. Amin/DMSO

Die Wärmeentwicklung beim Vermischen von DMSO und Methylamin weist bereits auf eine Wechselwirkung zwischen beiden Komponenten hin. In einer Arbeit von *Kenttämaa* und *Lindberg* [7] wird die Komplexbildung zwischen DMSO und aromatischen Aminen behandelt, und nach *Ewell* [8] ergibt sich für die Stärke der Wechselwirkung zwischen DMSO und Stoffen verschiedener Verbindungsklassen die Rangfolge
chlorierte Kohlenwasserstoffe < Nitrile < Ester < Äther, Ketone < Alkohole < Amine.

[1]) 1. Mitt. s. d. Z. **23** (1972) 2, S. 60—65.

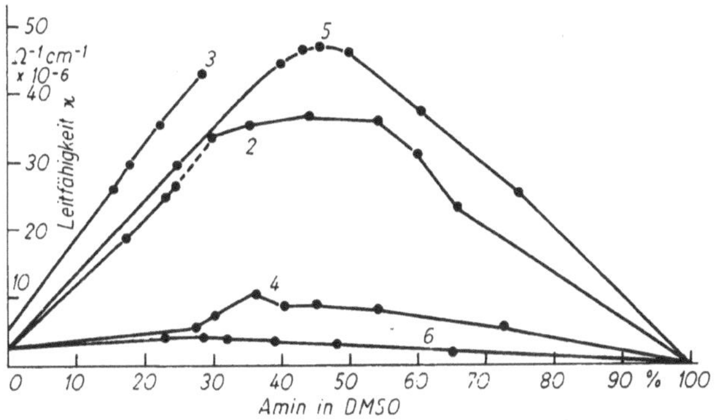


Bild 1. Abhängigkeit der Leitfähigkeit von Amin/DMSO-Gemischen von der Aminkonzentration

1 Methylamin + DMSO (bei 0 °C)
2 Methylamin + DMSO (bei −20 °C)
3 Methylamin + DMSO + 1% Glucose (bei 0 °C)
4 Äthylamin + DMSO (bei 0 °C)
5 *n*-Propylamin + DMSO (bei 0 °C)
6 Diäthylamin + DMSO (bei 20 °C)

Um festzustellen, ob Komplexe definierter Zusammensetzung gebildet wurden, verfolgten wir die Leitfähigkeit von DMSO/Amin-Gemischen in Abhängigkeit von ihrer Zusammensetzung (Bild 1). Bei Äthylamin und Propylamin zeigt sich ein Leitfähigkeitsmaximum bei einem Molverhältnis von 1 mol DMSO : 1 mol Amin. Bei Methylamin beobachtet man ein breites Maximum im Bereich von etwa 1 mol Amin : 1 mol DMSO bis zu etwa 3 mol Methylamin : 1 mol DMSO; die Ergebnisse zur Leitfähigkeit lassen also nicht auf die Bildung einer definierten Komplexverbindung, wohl aber auf eine starke Wechselwirkung unter Ladungsübertragung schließen. Mit Diäthylamin tritt eine solche Wechselwirkung offensichtlich nicht auf; gegenüber den Ausgangswerten der reinen Komponenten ist bei den Gemischen nur eine sehr geringe Leitfähigkeitsänderung festzustellen.

### *3.1.2. Methylamin/Cellulose*

Zwischen dem freien Elektronenpaar am Amin-Stickstoff und den protonisierbaren O-Atomen der Hydroxylgruppen des Cellulosemoleküls ist eine Donator/Akzeptor-Wechselwirkung möglich, die stärker ist als die Assoziationstendenz sowohl der Aminmoleküle untereinander als auch der Cellulose-OH-Gruppen über H-Brücken. Es werden also die H-Brücken zwischen den Celluloseketten durch primäre Amine teilweise gesprengt und durch energetisch günstigere —OH ... N-Brücken ersetzt. In den geordneten Bereichen der Celluloseketten führt diese Umsetzung mit Aminen zu einer Gitteraufweitung bzw. nach Entfernen des Amins zu der schon erwähnten Dekristallisation. Hinsichtlich Einzelheiten sei auf die einschlägigen Veröffentlichungen, vor allem von *Creely* u. Mitarb. [2], von *Howsmon* u. Mitarb. [9] und von *Klenkova* u. Mitarb. [10, 11, 12] verwiesen. Wie Tabelle 1 anhand der „inneren Oberfläche" sowie des LODP[1]) von Cellulosepräparaten nach Aminbehandlung zeigt, ist Methylamin in stärkerem Maße als seine höheren Homologen in der Lage, in die hochgeordneten Bereiche einzudringen, wobei die Angaben zur inneren Oberfläche einer Arbeit von *Klenkova* [13] entnommen wurden und die LODP nach einstündiger Aminbehandlung unseres Fichtensulfitzellstoffs bei −10 °C, Extraktion mit Chloroform, Vakuumtrocknung bei 50 °C und anschließender Äthanolyse bestimmt wurden.

[1]) LODP = Level of DP

*Tabelle 1. Der Einfluß verschiedener Amine auf den LODP und die innere Oberfläche von Cellulosepräparaten (LODP-Werte von FiSi-Zellstoff, der bei −10 °C mit Amin behandelt wurde)*

| Amin | LODP | Innere Oberfläche von Baumwolle ($m^2/g$) nach Aktivierung mit Amin bei −10 °C (Literaturwerte [13]) |
|---|---|---|
| Methylamin | 73 | 120 |
| Äthylamin | 110 | 94 |
| n-Propylamin | 129 | 115 |
| n-Butylamin | — | 91 |
| Hexylamin | — | 26 |
| Äthylendiamin | 95* | — |
| Hexamethylendiamin | 90** | — |
| Diäthylamin | 193 | — |
| Äthanolamin | 190 | — |
| nicht aktiviert | 193 | 1,7 |

* Behandlung bei 20 °C
** Behandlung bei 50 °C

### *3.1.3. DMSO/Cellulose*

*Lindberg* und *Pietila* [14] wiesen bei thermodynamischen Untersuchungen am Mischungsvorgang von DMSO mit einer Reihe anderer Komponenten das Auftreten einer H-Brücken-Bindung zwischen der $\rangle S=O$-Gruppe des DMSO und der OH-Gruppe eines Alkohols nach. *Rao* und *Foster* [15] fanden einen Additionskomplex zwischen Kohlehydraten und DMSO. Die Quellung von Cellulose in DMSO ist nach *Bates* und *Lyness* [16] 1,5- bis 2,5mal höher als in Wasser. Die in Tabelle 2 aufgeführten, nach der Methode des Wasserrückhaltevermögens nach 1 h Quellzeit bei 20 °C [17] bestimmten Schleuderquellwerte bestätigen die Angaben von *Bates* und *Lyness*, indem unter den hier geprüften Quellmitteln DMSO die stärkste Quellung hervorruft, sofern es sich um Proben nativer Cellulose handelt, während eine Zellwollprobe unter den hier angewandten Bedingungen auffallend wenig quillt.

*Tabelle 2. Schleuderquellwerte von Cellulose in organischen Lösungsmitteln*

| | Quellung in % | | |
|---|---|---|---|
| | Baumwolle | FiSi-Zellstoff | Zellwolle |
| Dimethylsulfoxid | 109 | 119 | 10 |
| Formamid | 63 | 86 | 109 |
| Ameisensäure | 60 | 72 | 130 |
| Wasser | 48 | 54 | 100 |
| Dimethylformamid | 47 | 54 | 8 |
| Pyridin | 35 | 41 | < 5 |
| Essigsäure | 32 | 46 | 9 |
| Methylalkohol | 13 | 21 | 15 |
| Tetrahydrofuran | 3 | 3 | 6 |

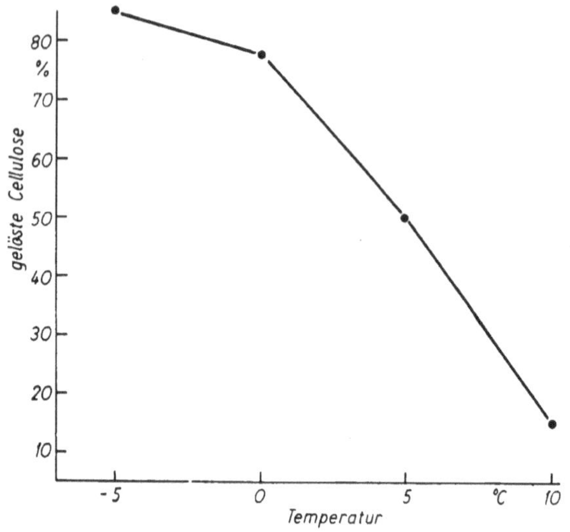


Bild 2. Abhängigkeit der Löslichkeit des FiSi-Zellstoffs in DMSO mit 16,5% Methylamin von der Temperatur

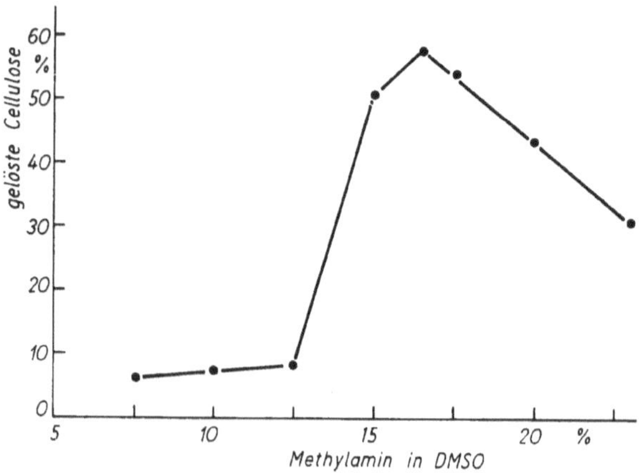


Bild 3. Abhängigkeit der Löslichkeit des FiSi-Zellstoffs von der Methylaminkonzentration bei 5 °C

### *3.2. Ergebnisse zur Auflösung von Celluloseproben im System DMSO/Methylamin*

#### *3.2.1. Einfluß der Lösebedingungen*

Der Einfluß von Lösezeit und -temperatur, Flottenverhältnis sowie einer mechanischen Beanspruchung des Reaktionssystems beim Löseprozeß wurde unter Verwendung eines Gemisches mit 16,5 Masse% Methylamin an nativem Fichtensulfitzellstoff untersucht.

Ähnlich wie bei wäßrigen Systemen und im Gegensatz zu dem in unserer ersten Mitteilung beschriebenen System $SO_2$/Acetonitril/Diäthylamin/Cellulose wird mit DMSO/Methylamin der Gleichgewichtswert der Löslichkeit schon nach wenigen Minuten erreicht. Ein Einfluß des Flottenverhältnisses auf die Löslichkeit besteht in den Grenzen der Cellulosekonzentration 0,5% bis 2,5% offensichtlich nicht. Durch intensive mechanische Beanspruchung des Reaktionsgutes (Verwendung eines hochtourigen Rührers „Ultraturrax“ anstelle eines Umschüttelns zu Beginn und am Ende des Löseprozesses) läßt sich der gelöste Anteil noch merklich erhöhen, und es verbleibt lediglich ein Rückstand von 4% an hochgequollenen Fasern. Sehr ausgeprägt ist der Einfluß der Lösetemperatur auf die Löslichkeit (Bild 2), die ähnlich wie bei alkalisch-wäßrigen Quell- und Lösemitteln (wäßrige Natronlauge, zinkathaltige Natronlauge) mit sinkender Temperatur stark ansteigt. Mit dem hier verwendeten Gemisch (16,5% Amin) war allerdings das in Frage kommende Intervall recht begrenzt, da bei Temperaturen $> 10$ °C das Amin teilweise entweicht, bei Temperaturen $< -5$ °C das DMSO auszukristallisieren beginnt.

#### *3.2.2. Einfluß der Zusammensetzung des Lösegemisches*

Nachdem Vorversuche bereits einen starken Einfluß der Aminkonzentration auf die Lösekraft des Gemisches gezeigt hatten, wurde diese unter Verwendung verschiedenartiger Celluloseproben systematisch untersucht (Bild 3, Tabelle 3). Bis zu Aminkonzentrationen von etwa 12% bleibt die Löslichkeit nativer und anhydrolysierter Holzzellstoffe annähernd konstant und sehr niedrig, um dann im Bereich zwischen 12 und 16% Amin stark anzusteigen. Bei Aminkonzentrationen um 16% wurden anhydrolysierte Zellstoffe vollständig gelöst, während für einen nativen Zellstoff ein deutliches Maximum der Löslichkeit bei 16,5% durchlaufen wird und bei höheren Aminkonzentrationen die Löslichkeit stetig abnimmt. Bei einer Zellwollprobe wurde bereits mit 10% Amin eine vollständige Löslichkeit erzielt.

*Tabelle 3. Der Einfluß der Aminkonzentration auf die Löslichkeit der Cellulose*

| Lösetemperatur °C | Methylaminkonzentration in DMSO % | FiSi-Zellstoff DP = 655 % gelöste Cellulose | FiSi-Zellstoff DP = 655 DP des Rückstandes | FiSi-Zellstoff hydrolysiert DP = 302 % gelöste Cellulose | FiSa-Zellstoff hydrolysiert DP = 136 % gelöste Cellulose | Zellwolle DP = 345 % gelöste Cellulose |
|---|---|---|---|---|---|---|
| 10 | 5,0 | — | — | — | — | 9 |
| | 7,5 | 6 | 665 | — | 6 | 37 |
| 5 | 10,0 | 7 | 666 | 9 | 14 | 100 |
| | 12,5 | 8 | 668 | 19 | 16 | 100 |
| | 15,0 | 51 | 833 | 100 | 100 | 100 |
| | 16,5 | 58 | 882 | 100 | 100 | 100 |
| | 17,5 | 54 | 857 | 100 | 100 | 100 |
| | 20,0 | 43 | 777 | 100 | 100 | 100 |
| | 23,0 | 31 | — | < 100 | < 100 | < 100 |

*Tabelle 4. Der Einfluß eines teilweisen Ersatzes des Methylamins durch andere Amine auf die Löslichkeit der Cellulose im Methylamin/DMSO-Gemisch bei 0 °C*

| Eingesetzte Amine auf 2 mol DMSO | % gelöste Cellulose |
|---|---|
| 1 mol Methylamin | 70 |
| 0,75 mol Methylamin | 8 |
| 0,75 mol Methylamin +0,25 mol Äthylamin | 30 |
| 0,75 mol Methylamin +0,25 mol Äthylendiamin | 4 |
| 0,75 mol Methylamin +0,25 mol Diäthylamin | < 10 |

*Tabelle 5. Der Einfluß von Zusätzen zu DMSO-Methylamin-Lösungen auf die Löslichkeit der Cellulosen*

| Methylamin-konzentration in DMSO % | Zusatz zum DMSO | % gelöste Cellulose |
|---|---|---|
| 15 | ohne | 51 |
| 15 | 5% Cyclohexylamin | 44 |
| 15 | 5% Pyridin | 41 |
| 15 | 5% Formamid | 39 |
| 15 | 5% Dimethylformamid | 30 |
| 15 | 5% Hexamethylphosphorsäuretriamid | 11 |
| 15 | 5% Wasser | 8 |

Die Feststellung, daß auch ein optimaler Methylamingehalt von 16,5% nicht zur vollständigen Auflösung nativer Celluloseproben führt, veranlaßte uns, die Wirkung verschiedener Zusätze zum Lösegemisch im Hinblick auf eine Löslichkeitserhöhung zu prüfen.

Nach *Davis* u. a. [3] besteht eine lineare Abhängigkeit zwischen der Anzahl der C-Atome des quellenden Amins und der Gitteraufweitung im gequollenen Präparat. Wir untersuchten daher, wie sich die Lösekraft in unseren Gemischen änderte, wenn ein Teil des Methylamins durch andere Amine ersetzt wird (Tabelle 4). Entgegen unseren Erwartungen führte ein teilweiser Ersatz des Methylamins durch äquimolare Mengen von Äthylamin, Propylamin oder Äthylendiamin zu einer starken Herabsetzung der Löslichkeit. Auch ein Austausch des Methylamins durch sekundäre Amine führte zu einem wesentlichen Rückgang der Löslichkeit.

Zusätze einer auf Cellulose quellend wirkenden organischen Flüssigkeit zum Lösegemisch (Tabelle 5) lassen in keinem Falle die Löslichkeit ansteigen, sondern führen zu einem in manchen Fällen recht starken Löslichkeitsabfall, offenbar durch Verringerung der Wechselwirkung der Cellulose mit dem DMSO/Methylamin-Komplex und/oder durch Störung der Bildung dieses Komplexes. Besonders auffällig ist die Löslichkeitsverringerung durch Zusatz geringer Wassermengen, die Anlaß gab, den Einfluß eines Wassergehalts systematisch zu prüfen (Bild 4). Da gerade im Bereich niedriger Wassergehalte (< 0,5%) die Löslichkeit mit fallendem Wassergehalt stark ansteigt, ist für vergleichende Untersuchungen in dem hier verwendeten Lösesystem die Angabe des $H_2O$-Gehaltes im DMSO unbedingt erforderlich. Sofern nicht anders angegeben, lag dieser bei dem von uns verwendeten Produkt bei 0,03 bis 0,05% $H_2O$.

Schließlich wurde geprüft, ob durch einen Tensidzusatz die Löslichkeit von Cellulose in DMSO/Methylamin-Gemischen erhöht werden kann. Ein Zusatz eines Viskosehilfsmittels („Berol Visco 32") in Höhe von 0,2% führte bei Fichtensulfitzellstoff nur zu einer unwesentlichen, innerhalb der Fehlergrenzen liegenden Löslichkeitserhöhung.

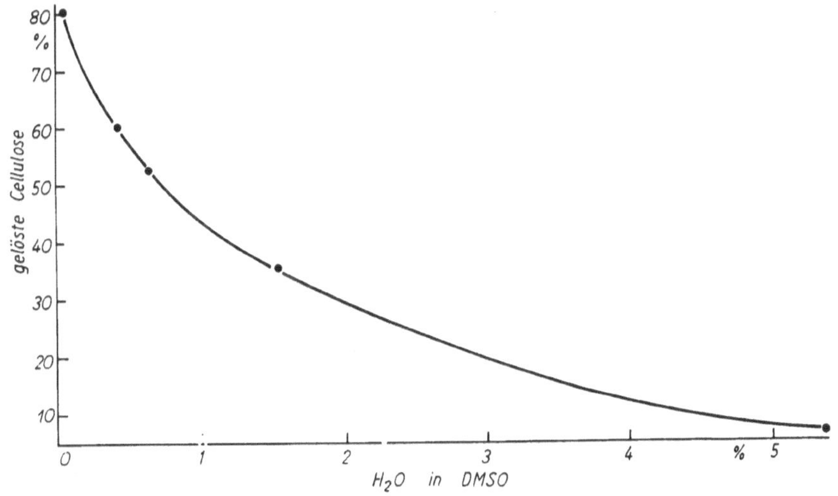

Bild 4. Abhängigkeit der Löslichkeit des FiSi-Zellstoffs in DMSO mit 16,5% Methylamin vom Wassergehalt des DMSO bei 0 °C

Im Rahmen dieser Untersuchungen prüften wir auch mit einigen orientierenden Versuchen, wie Lösungen von Ammoniak in DMSO auf Cellulose wirken. Da sich bei Normaldruck und 20 °C nur 2,6% Ammoniak in DMSO lösen, mußte bei erhöhtem Druck gearbeitet werden. Es zeigte sich, daß Lösungen mit einem Ammoniakgehalt von etwa 7,0% auch Cellulose lösen, daß jedoch die Lösekraft geringer als bei entsprechend konzentrierten Methylaminlösungen ist.

*3.2.3. Einfluß der Cellulosestruktur und der Vorbehandlung der Celluloseprobe*

Der erhebliche Einfluß der übermolekularen und/oder morphologischen Struktur der Celluloseprobe auf die Löslichkeit in DMSO/Methylamin-Gemischen wurde bereits im vorangehenden Abschnitt erwähnt. Tabelle 6 faßt die Ergebnisse systematischer Untersuchungen in einem Gemisch mit 16,5% Methylamin bei 0 °C zusammen. Sowohl Cellulose I als auch Cellulose II können vollständig in Lösung gebracht werden; eine Differenzierung nach der Gitterstruktur erfolgt also nicht. Auch eine Begrenzung der Lösbarkeit durch die Kettenlänge („obere DP-Grenze") liegt in dem hier angewandten System im Bereich bis zum Cuoxam-DP von etwa 2000 offensichtlich nicht vor, denn eine umgefällte Baumwollcellulose läßt sich vollständig in Lösung bringen. Entscheidend dafür, ob eine vollständige oder nur eine partielle Auflösung erfolgt, ist offensichtlich die Acces-

*Tabelle 6. Der Einfluß von Struktur und DP der Cellulose auf die Löslichkeit in DMSO/Methylamin-Lösung (16,5% Methylamin, 0°C)*

| hydrolysierte Baumwolle | | hydrolysierter FiSi-Zellstoff | | regenerierte Cellulose | |
|---|---|---|---|---|---|
| DP | % gelöste Cellulose | DP | % gelöste Cellulose | DP | % gelöste Cellulose |
| native BW 2503 | 5 | nativer Zellstoff 655 | 78 | Baumwolle aus Cuoxam umgefällt 1824 | 100 |
| 312 | 34 | 539 | 89 | Zellstoff aus Cuoxam umgefällt 690 | 100 |
| 232 | 51 | 387 | 90 | Zellwolle 345 | 100 |
| 224 | 52 | 302 | 100 | | |

sibilität der Probe, die bei Zellwolle von vornherein zur völligen Lösung ausreicht, bei Holzzellstoff durch Hydrolyse bis zur vollständigen Lösbarkeit erhöht werden kann, während bei Baumwolle hierdurch nur ein erheblicher Löslichkeitsanstieg von etwa 5 auf etwa 50% erreicht wird. Auch die zunächst widersprüchliche Beobachtung, daß eine Regeneratfaser von DP 345 rückstandsfrei gelöst wird, eine regenerierte Alkalicellulose vom DP 430 dagegen einen Löserückstand von 50% hinterläßt und damit wesentlich schlechter lösbar ist als der Ausgangszellstoff (DP 655; 20% Löserückstand unter gleichen Bedingungen), erklären wir durch eine unterschiedliche Accessibilität der Proben.

Im Bereich teilweiser Löslichkeit ist der Lösevorgang von Holzzellstoffen zugleich mit einer gewissen Fraktionierwirkung nach dem DP verbunden. Wir betrachteten diesen Fraktioniereffekt auf Grund der anderen hier dargelegten Ergebnisse jedoch nicht als eine primäre Lösefraktionierung nach der Kettenlänge, sondern etwa als eine Folge der vorrangigen Accessibilitäts- bzw. „lateralorder"-Fraktionierung, indem kürzerkettige Anteile bevorzugt in den leicht zugänglichen Bereichen lokalisiert sind.

Der hier beschriebene ausgeprägte Accessibilitätseinfluß auf die Löslichkeit legte es nahe, die Auswirkung einer Aminvorbehandlung („Dekristallisation") zu untersuchen. Tabelle 7 zeigt unsere Versuchsergebnisse, wobei das Amin nach der Vorbehandlung einmal mit DMSO ausgewaschen und dann die Probe DMSO-feucht zum Löseversuch eingesetzt wurde, zum anderen durch Absaugen im Vakuum (20°C, 15 Torr, 6 h) weitgehend entfernt und dann diese „trockene" Probe mit dem Lösegemisch (16,5% Amin; 0°C) behandelt wurde. Während eine Vorbehandlung mit Methylamin in beiden Fällen zu einem Löslichkeitsrückgang führt, ergibt sich bei höheren aliphatischen Monoaminen je nach Behandlung ein Anstieg oder ein Abfall der Löslichkeit. Mit dem sehr stark dekristallisierend wirkenden Äthylendiamin, das nach *Creely* u. a. [2] einen stabileren Komplex mit

*Tabelle 7. Der Einfluß der Vorbehandlung des FiSi-Zellstoffes mit verschiedenen Aminen unter verschiedenen Bedingungen auf seine Löslichkeit in Methylamin-DMSO*

| Verwendete Amine | % gelöste Cellulose: Vorbehandlung mit Amin, Amin mit DMSO ausgewaschen | % gelöste Cellulose: Vorbehandlung mit Amin, Amin durch Evakuieren entfernt |
|---|---|---|
| Methylamin | 52 | 16 |
| Äthylamin | 86 | 51 |
| n-Propylamin | 89 | 45 |
| Äthylendiamin | 2 | — |
| ohne Behandlung | 68 | 68 |
| DMSO-Vorbehandlung | 68 | 68 |

Cellulose bildet als aliphatische Monoamine, tritt auch nach Auswaschen mit DMSO eine markante Löslichkeitsverringerung ein. Diese zunächst widersprüchlich erscheinenden Vorbehandlungseinflüsse lassen sich u. E. durch zwei gegenläufige Faktoren erklären: Zweifellos führt die Vorbehandlung mit allen hier eingesetzten Aminen zu einer Verringerung der lateralen Ordnung (vgl. die LODP-Werte in Tabelle 5), also einer Accessibilitätszunahme und damit zu einem potentiellen Löslichkeitsanstieg. Dieser kann aber nur realisiert werden, wenn die OH-Gruppen der Cellulose dem binären Lösungsmittel DMSO/Methylamin in freiem bzw. über H-Brücken gegenseitig vernetztem Zustand zur Verfügung stehen und nicht durch die stärkeren OH—N-Brücken, d. h. einen Cellulose/Amin-Komplex, blockiert sind. Die Komplexe mit Äthylamin bzw. n-Propylamin lassen sich offensichtlich durch Waschen mit DMSO, nicht aber durch Evakuieren weitgehend zerstören. Der stärkere [3] Methylamin/Cellulose-Komplex bleibt auch nach Behandlung mit DMSO teilweise, der sehr starke Komplex mit Äthylendiamin weitgehend erhalten, und es resultiert trotz „Gitteraufweitung" und „Dekristallisation" eine Löslichkeitsverringerung.

## *4. Zusammenfassende Diskussion und Schlußfolgerungen*

Hinsichtlich des Lösemechanismus für Cellulose im binären System DMSO/Methylamin lassen unsere Ergebnisse folgende Schlüsse zu: Von den beiden Möglichkeiten, nämlich

erstens: Bildung eines Cellulose/Amin-Komplexes und dessen anschließende Auflösung in DMSO,

zweitens: Wechselwirkung der Cellulose mit einem DMSO/Amin-Komplex unter anschließender Auflösung in DMSO

kann die erste auf Grund der oben behandelten Ergebnisse zur Aminvorbehandlung ausgeschlossen werden, während die zweite mit dem gesamten hier erhaltenen Versuchsmaterial im Einklang steht und z. B. das Auftreten eines Löslichkeitsmaximums bei einer bestimmten Aminkonzentration von 16,5 Masse% zwanglos erklären läßt: Bei kleineren Aminkonzentrationen reicht die Konzentration des Amin/DMSO-Komplexes zur optimalen Wechselwirkung mit der Cellulose nicht aus, bei höheren Aminkonzentrationen verstärkt sich der Nichtlösereinfluß des Methylamins und es verringert sich die Konzentration des zur unbegrenzten Quellung, d. h. Auflösung des ternären Komplexes Cellulose/DMSO/Methylamin als Solvatationsmittel benötigten DMSO. Für die Bildung eines solchen ternären Komplexes spricht u. a. die zusätzliche Leitfähigkeitserhöhung, die bei der Zugabe von Glucose zu einem DMSO/Methylamin-Gemisch eintritt. Das Löslichkeitsoptimum entspricht einer molaren Zusammensetzung des Lösegemisches von 1 mol Amin : 2 mol DMSO, und man könnte vermuten, daß ein Komplex aus äquimolaren Mengen an Amin und DMSO mit der Cellulose reagiert und zur Solvatation des ternären Komplexes mindestens ein weiteres Mol DMSO erforderlich ist.

Das Auftreten eines verhältnismäßig großvolumigen Komplexes aus DMSO und Methylamin als lösewirksames Agens läßt auch den sehr ausgeprägten Accessibilitätseinfluß auf die Löslichkeit verständlich erscheinen, indem eine Voraussetzung für die Sprengung der OH...O-Brücken zwischen Celluloseketten und damit für die Auflösung der Probe die Zugänglichkeit dieser H-Brücken für das lösewirksame Agens ist. Nicht ohne weiteres verständlich ist die ausgeprägte Selektivität hinsichtlich der Aminkomponente, indem im hier betrachteten binären Lösungsmittel das Monomethylamin eine ausgesprochene Sonderstellung einnimmt und weder gegen höhere primäre Monoamine noch gegen Äthylendiamin oder gegen sekundäre oder tertiäre Amine ausgetauscht werden kann. Man könnte diese Selektivität vielleicht damit in Zusammenhang bringen, daß einerseits die primären Amine festere Komplexe mit DMSO bilden als sekundäre oder tertiäre und damit zur Bildung des ternären Komplexes mit Cellulose geeigneter sind, daß andererseits unter den Amin/DMSO-Komplexen der primären Amine derjenige mit Methylamin auf Grund seiner Kleinheit zum Eindringen in die Cellulosestruktur am besten geeignet ist. Ein solcher Einfluß der Molekülgröße ist ja von der Wechselwirkung zwischen Cellulose und primären Aminen her bekannt, indem nur Ammoniak und niedere Amine bis zum Propylamin dekristallisierend wirken. Für den Einfluß der Molekülgröße spricht auch, daß Lösungen von Ammoniak in DMSO in begrenztem Maße Cellulose zu lösen vermögen.

Vergleicht man die Auflösung der Cellulose in DMSO/Methylamin-Gemischen mit anderen Löseprozessen bei diesen Polymeren, so zeigen sich eher Parallelen zu wäßrig-alkalischen Lösungsmitteln als zu dem in unserer ersten Mitteilung behandelten nichtwäßrigen System $SO_2$/Diäthylamin/Acetonitril. Dies gilt besonders für den zeitlichen Verlauf der Auflösung, der beim System DMSO/Methylamin wahrscheinlich diffusionskontrolliert ist, und für den Einfluß der Lösetemperatur auf die Löslichkeit, der durchaus dem bei wäßrigen Natronlaugen oder bei Natriumzinkatlösung beobachteten entspricht.

*Literatur*

[1] *Paszner, L.:* Effect of inter- and intra-crystalline swelling on cellulose degradation by gamma-rays. Svensk Papperstidn. **71** (1968) S. 822—828.
[2] *Creely, J. J., Segal, L.,* und *Loeb, L.:* An X-ray study of new cellulose complexes with diamines containing three, five, six, seven and eight carbon atoms. J. Polymer Sci. **36** (1959) S. 205—214.
[3] *Davis, W. E., Barry, A. J., Peterson, F. C.,* und *King, A. J.:* X-ray studies of reactions of cellulose in non-aqueous systems. II. Interaction of cellulose and primary amines. J. amer. chem. Soc. **65** (1943) S. 1294 bis 1299.
[4] *Klenkova, N. I., Matveeva, N. A., Kulakova, O. M.,* und *Volkova, L. A.:* The structural changes of cellulose fibers in liquid media. JUPAC international symposium on macromolecular chemistry, Toronto 1968. Preprints of Scientific papers II A 11. 4.
[5] *Schleicher, H., Koura, A.,* und *Philipp, B.:* Verfahren zur Herstellung von Cellulosefasern und -folien und -pulver. DWP 75635.
[6] *Philipp, B.,* und *Linow, K.-J.:* Untersuchungen zur Kettenlängendifferenz zwischen Nitrat- und Cuoxam-DP der Cellulose und ihrer Änderung im Viskoseprozeß. Papier **20** (1966) S. 649—657.
[7] *Kanttämaa, J.,* und *Lindberg, J. J.:* The association of dimethylsulfoxide with aromatic amines. Suomen Kemistillihti **34** (1961) S. 117—120.
[8] *Ewell, R. H., Harrison, T. M.,* und *Berg, L.:* Ind. Eng. Chem. 36 (1944) S. 871.
[9] *Howsmon, J. A.,* und *Sisson, W. A.:* Cellulose and cellulose derivatives. Ed. E. Ott, H. M. Spurlin und M. W. Grafflin: New York/London: Interscience Publishers 1954, S. 328.
[10] *Klenkova, N. I., Kulakova, O. M., Matveeva, N. A.,* und *Volkova, L. A.:* Die Wirkung primärer Amine der Fettreihe auf Struktur und Reaktionsfähigkeit von Baumwollcellulosefasern. Ž. prikl. Chimii (Z. angew. Chemie) **38** (1965) S. 919—925.
[11] *Klenkova, N. I., Kulakova, O. M., Matveeva, N. A., Volkova, L. A.,* und *Zimara, N. D.:* Die Wirkung von Methylamin in verschiedenen Medien auf die Struktur und Reaktionsfähigkeit von Baumwollfasern. Ž. prikl. Chimii (Z. angew. Chemie) **38** (1965) 5, S. 1077—1084.
[12] *Klenkova, N. I., Matveeva, N. A.,* und *Kulakova, O. M.:* Untersuchung der Strukturänderungen und Eigenschaften von mit Methylamin aktivierten Cellulosefasern bei ihrer Aufbewahrung. Ž. prikl. Chimii (Z. angew. Chemie) **38** (1965) 6, S. 1360—1367.
[13] *Klenkova, N. I.:* Umsetzung von Cellulose mit Aminen als aussichtsreicher Weg für die Aktivierung der Cellulose und die Steigerung ihrer Reaktionsfähigkeit bei den Prozessen zur Herstellung der verschiedenartigen Derivate. Ž. prikl. Chimii (Z. angew. Chemie) **40** (1967) 10, S. 2191—2208.
[14] *Lindberg, J. J.,* und *Pietila, I.:* Heats of mixing of binary systems containing dimethylsulfoxide and alcohols or acetic acid. Suomen Kemistillihti ***B* 35** (1962) S. 30—33.
[15] *Rao, V. S. R.,* und *Foster, F. J.:* An addition complex between carbohydrates and dimethylsulfoxide as revealed by proton. magnetic resonance. J. physic. Chem. **69** (1965) S. 656—658.
[16] *Bates, N. A.,* und *Lyness, W. I.:* Electron microscopy of fibers swollen in dimethylsulfoxide and stained with osmium tetroxide. Tappi, New York **51** (1968) S. 405 bis 409.
[17] Zellcheming Merkblatt IV/33/57: Bestimung des Wasserrückhaltevermögens (Quellwertes) von Zellstoffen.

*Eingegangen am 30. September 1971*

# Neue Bücher

*Polymer Solutions.* Discussions of the Faraday Society. Nr. 49, 1970. London: The Faraday Soc. 1971. 287 S. Lwd. £ 7,00.

Das Buch enthält die auf der von der Faraday Society veranstalteten Diskussionstagung vom 15. bis 17. April 1970 in Manchester gehaltenen Vorträge und Diskussionen. Die Vorträge sind in drei Gruppen zusammengefaßt, wobei sich jeder Gruppe eine allgemeine Diskussion anschließt. Die Vorträge der ersten Gruppe beschäftigen sich mit der Thermodynamik von Lösungen (*P. J. Flory, J. S. Rowlinson*), der Statistik von Polymerketten (*S. F. Edwards, R. G. Kirste* und mit der Betrachtung, der Konformation von Polymeren (*T. Shimanouchi, O. B. Ptitsyn*).

In der zweiten Sektion werden spezielle Probleme der statischen Eigenschaften von Lösungen behandelt. Hierbei sei insbesondere auf den Vortrag von *D. Patterson* und *G. Delmas* verwiesen, in dem die Theorie von *Prigogine* auf Polymerlösungen angewendet wird und die Ergebnisse mit der Theorie von *Flory, Abe, Orwole* und *Vrij* verglichen werden. Eine sehr gute Übersicht über die Gleichgewichts-Phasenbeziehungen in Mehrkomponentensystemen wird in dem Vortrag von *R. Koningsveld* gegeben.

Die dritte Gruppe befaßt sich mit den dynamischen Eigenschaften von Lösungen. Der erste Vortrag dieser Gruppe von *W. H. Stockmayer* u. a. behandelt die Berechnung der Dynamik von Kettenmolekülen in verdünnten Lösungen.

In den anderen Vorträgen wird auf spezielle Meßmethoden zur Erfassung der Molekülbewegung eingegangen; z. B. Neutronentrennung, Lichtstreuung, Ultraschall-, dielektrische, viskoelastische und NMR-Relaxation, Diffusion und Fluoreszenzdepolarisation.

Insgesamt gesehen, spiegelt das Buch eine Vielzahl interessanter Aspekte bei der experimentellen Untersuchung und der theoretischen Bearbeitung von Polymerlösungen wider. Die Diskussionen führender Wissenschaftler geben dem Leser wertvolle Anregungen und einen guten Einblick in die neuen Entwicklungstendenzen. Da die Vorträge sehr speziell gehalten sind, wendet sich das Buch in erster Linie an die auf dem Gebiet der Polymerlösungen arbeitenden Wissenschaftler.

*Herbert Dautzenberg*

*Polymer Chemistry of Synthetic Elastomers.* Hgg. von *Joseph P. Kennedy* und *Erik G. M. Tornquist.* Part II. (High Polymers Vol. XXIII). New York/London/Sidney/Toronto: Wiley-Interscience 1971. XII S., S. 491–1044. Lwd. £ 13,35.

Der Band enthält Beiträge von 33 größtenteils international bekannten Fachleuten. Leider lag zur Rezension nur der zweite Teil des Bandes vor.

Gemäß dem Titel „Polymerchemie der synthetischen Elastomeren" wurde der Band nicht nach der chemischen Struktur der Elastomeren, sondern nach ihren Herstellungsmechanismen aufgebaut. Das Hauptgewicht liegt dabei auf den Mechanismen der Katalyse, der Polymerisationskinetik und Problemen der Taktizität.

Bei der heutigen Fülle von Originalliteratur gewinnen zusammenfassende Übersichten über bestimmte Gebiete der Polymerchemie immer mehr an Wert und Bedeutung. Es ist deshalb nach Meinung des Rezensenten überflüssig, den Inhalt des vorliegenden Bandes einer kritischen Wertung zu unterziehen, zumal den Polymerchemikern die Qualität der Reihe „High Polymers" bekannt ist. Zur näheren Information über den Aufbau des Bandes werden deshalb die Kapitel angegeben.

*Teil I* (S. 1–490)

1. Struktur/Eigenschaften-Verhältnisse von Elastomeren (*W. R. Krigbaum, J. V. Dawkins*).
2. Historischer Hintergrund der synthetischen Elastomeren (*E. G. M. Törnqvist*).
3. Stand und Zukunft der Elastomertechnologie 1966 (*G. Alliger, F. C. Weissert*).
4. Elastomere durch Radikal- und Redoxmechanismen (*C. A. Uraneck, W. Hofmann, C. Hargreaves, H. A. Tucker, A. H. Jorgensen, J. R. Cooper*).
5. Elastomere durch kationischen Mechanismus (*J. P. Kennedy, J. Lal, A. Ledwith, C. Fitzsimmonds, O. Vogl*).

*Teil II* (S. 491–1044)

6. Elastomere durch Katalyse mit Alkalimetallen (*C. E. Forman*).
7. Elastomere durch koordinativen anionischen Mechanismus (*G. Natta, L. Porri, A. Valvassori, G. Sartori, G. Dall' Asta*).
8. Elastomere durch Kondensationspolymerisation (*J. H. Saunders, F. M. Lewis, R. H. Gobran, M. B. Berenbaum*).
9. Elastomere durch verschiedene oder unbekannte Mechanismen (*J. Furnkawa, S. Yamashita, S. Ido, R. E. Rinehart, W. H. Sharkey*).
10. Elastomere durch Nachpolymerisationstechniken (*H. S. Makowski, M. A. Golub*).

Unter diesen Überschriften wird das gesamte Gebiet der Chemie der synthetischen Elastomeren umfassend dargestellt. Dabei werden sowohl Randgebiete wie Polyvinylätherelastomere, elastomere Polyacetale, flüssige Kautschuke als auch das wichtige Gebiet der Siliconkautschuke ausführlich behandelt.

Der vorliegende Band gehört nicht nur in jede polymerwissenschaftliche Bibliothek; er kann auch Fachkollegen, die sich mehr am Rande mit organischen Hochpolymeren befassen, wie z. B. Hochschullehrern, als wertvolles Hilfsmittel für die Vorbereitung von Vorlesungen und Seminaren bestens empfohlen werden. *K. Dietrich*

*Technik-Wörterbuch: Chromatographie.* Hgg. von *H.-P. Angeli.* Englisch–Deutsch–Französisch–Russisch. 119 S. mit etwa 3000 Fachbegriffen. Berlin: Verlag Technik 1969. Kunstleder M 20,–.

Die chromatographischen Analysenverfahren haben sich in den letzten zwei Jahrzehnten stürmisch entwickelt. Durch die vielfältigen Wirkungsprinzipien und Arbeitstechniken können sie zu einem großen Teil der Trenn- und Analysenprobleme herangezogen werden. In steigendem Maße werden sie außerdem mit anderen Methoden verknüpft. Beispiele dafür sind die Reaktionsgaschromatographie oder die Kombination Gaschromatograph-Massenspektrometer. Schließlich zieht man verstärkt chromatographische Verfahren auch industriell für Trennaufgaben heran; z. B. werden Ionenaustauscher schon jahrelang mit Erfolg eingesetzt. Dies sind Gründe genug, um ein viersprachiges — englisch, deutsch, französisch, russisch — Fachwörterbuch „Chromatographie" herauszugeben.

Das Wörterbuch enthält Begriffe aller chromatographischen Verfahren, der damit verknüpften Theorien und Arbeitsmethoden sowie der vielfältigen Anwendungsgebiete in allen Bereichen der wissenschaftlichen Forschung und der betrieblichen Analysenmeßtechnik. Die Auswahl des Wortgutes wurde eng auf die Fachterminologie begrenzt, wobei auch eine Anzahl von Begriffen angrenzender Arbeitsgebiete, die sich der Chromatographie bedienen, aufgenommen wurde.

Im ersten Teil des Buches sind die Fachtermini in allen vier Sprachen, geordnet nach der alphabetischen Reihenfolge der englischen Termini, enthalten. Im zweiten bis vierten Teil sind jeweils die Termini einer der anderen Sprachen alphabetisch aufgeführt, und es wird auf die entsprechende Stelle im ersten Teil verwiesen. Diese Anordnung erfordert nur wenig mehr Suchaufwand und spart verlegerische Arbeit und Papier. Das Buch könnte noch etwas konzentrierter werden, wenn man Nomenklaturfragen der organischen Chemie herauslassen würde; z. B. sind sowohl Aceton, Dimethylketon als auch Propanon aufgenommen worden.

Das Buch wird für die Bearbeiter chromatographischer Probleme, aber auch für die Mitarbeiter in Dokumentations- und Informationsstellen wertvoll sein. *P. Fritzsche*

Neue Bücher

*Webereitechnik.* Von einem Autorenkollektiv. 2. Aufl. (Lehrbücher für den Facharbeiter für Textiltechnik.) Leipzig: Fachbuchverlag 1971. 360 S. 8°. Halblwd. M 11,90.

Das Fachbuch ist die zweite, überarbeitete Auflage des Titels „Lehrbuch für Webereifacharbeiter" (Fachbuchverlag 1968). Dabei wurde eine Aufteilung des Lehrstoffes vorgenommen: Das Kapitel über Spinnerei-, Veredlungs- und Bekleidungsindustrie sowie über neue Textiltechnologien sollen einem besonderen Buch „Textile Herstellungsverfahren" vorbehalten bleiben.

Nach einer kurzen Einführung über die Stellung der Webereiindustrie in der Volkswirtschaft der DDR ist der Lehrstoff unterteilt in vier Kapitel über Vorbereitungsarbeiten (Spulen, Schären, Schlichten und Vorrichten der Webketten), in ein Hauptkapitel über das Weben sowie in ein abschließendes Kapitel über die Nachbehandlung der Gewebe in der Weberei.

Die Ausführungen betreffen die Webereitechnik zur Herstellung von breiten, glatten Geweben, die vorzugsweise am Beispiel der Schaftweberei abgehandelt wird. Daneben wird auch auf die Schaftweberei eingegangen.

Die Kapitel beginnen mit der technisch-ökonomischen Bedeutung des jeweiligen Arbeitsganges. Es schließen sich technische und technologische Erläuterungen zu einzelnen Maschinenarten, Baugruppen und Arbeitsweisen an. Die Autoren — Berufspädagogen und Fachleute aus der Textilindustrie der DDR — gehen außerdem ein auf die Aufgaben der Facharbeiter in den einzelnen Produktionsstufen, auf das Erkennen von Fehlern und deren Verhütung, auf die Einstellung, Pflege und Wartung der Maschinen sowie auf Fragen des Arbeitsschutzes. Den Ausführungen liegen solche Maschinentypen zugrunde, die in der Webereiindustrie der DDR am gebräuchlichsten sind.

Viele sauber ausgeführte Skizzen, auch perspektivischer Art, Fotos und tabellarische Zusammenstellungen erläutern den Text. Neben dem Satzspiegel angebrachte Kontrollfragen sowie Aufgabenstellungen für den Schüler regen zu einem Durcharbeiten des Stoffes an.

Vom Ministerium für Leichtindustrie der DDR ist dieses Fachbuch als „berufsbildende Literatur" für verbindlich erklärt. Wie aus dem Titel der ersten Auflage hervorgeht, ist es für die Ausbildung von Facharbeitern vorgesehen. Seine Anwendung kann aber auch für die Qualifizierung von bereits im Beruf stehenden Facharbeitern empfohlen werden. Insbesondere für diesen Zweck wird das Fehlen eines Sachregisters als nachteilig empfunden. Bei der 3. Auflage sollte darauf nicht verzichtet werden.

*H. Rothe*

# Patentschau

*Auszug aus der Lieferung 15/16/1971 der Patentschau „Faserstoffe und Textiltechnik", Ausgabe A: Faserstoffe einschl. Kunststoffe und organ. Grundsubstanzen, zusammengestellt von der Abteilung Wissenschaftliches Berichtswesen des Instituts für Faserstoff-Forschung der DAW, 153 Teltow-Seehof, Kantstr. 55*

Die Patentschau ist nach der Internationalen Patentklassifikation (IPC) gegliedert. Es bedeuten: DDP = DDR-Patent; DBP = Deutsches Bundespatent; DAS = (West)-Deutsche Auslegeschrift; DOS = (West)-Deutsche Offenlegungsschrift; OeP = Österreichisches Patent; PoP = Polnisches Patent; SzP = Schweizer Patent; FrP = Französisches Patent; GBP = Britisches Patent; JaP = Japanisches Patent; SvP = Schwedisches Patent; SUP = Sowjetisches Patent; ČSP = Tschechoslowakisches Patent; USP = Amerikanisches Patent; A = Anmeldedatum, O bzw. B = Tag der Ausgabe der Offenlegungs-, Auslege- bzw. Patentschrift.

*Sektion B. Verformende Bearbeitung*

*Klasse B 65. Transport, Verpackung und Lagerung*

*Klasse B 65h. Handhabung von flachem und faserförmigem Material, z. B. Platten, Netzen, Seilen*

USP 3554839 Zus. z. Pat. m. A.-Z.: 390433. A. 18. 8. 64. Fadenaufwickelvorrichtung. Erf.: *Jonas Medney.* Inh.: Koppers Co., Inc. A. 2. 10. 67, B. 12. 1. 71. Kl.: 156-430, Int. Kl.: B 65h 81/02. 4 Anspr. A.-Z.: 672361. Entspr. DAS 1161008.

*Sektion C*

*Chemie und Metallurgie*

CHEMIE

*C 03b. Herstellung, Formgebung und Nachbehandlungsverfahren*

USP 3573014 Zus. z. Pat. m. A.-Z.: 556800. A. 13. 5. 66. Vorrichtung und Verfahren zur Extrusion von Glasfäden. Erf.: *Edward T. Strickland* u. *Homer C. Amos.* Inh.: PPG Industries Inc., Pittsburgh, Pa. A. 8. 1. 70 B. 30. 3. 71. Kl.: 65-1, Int. Kl.: C 03b 37/00, B 23c 23/00. 20 Anspr. A.-Z.: 3558. A.-Z.: 556800 entspr. FrP 1526404.

*C 07d. Heterocyclische Verbindungen*

USP 3563980. Verfahren zur Herstellung einer Mischung aus Lactam und einer Alkaliverbindung dieses Lactams. Erf.: *Johannes van Mourik, Johannes van Beveren* u. *Johannes J. de Silva.* Inh.: Stamicarbon N. V., Heerlen (Nd). A. 5. 4. 68, B. 16. 2. 71. Kl.: 260-239,3, Int. Kl.: C 07d 41/08. 3 Anspr. A.-Z.: 719043. Prior.: 5. 4. 67 (Nd; A.-Z.: 6704815). Entspr. GBP 1193586.

USP 3573280. Derivate des ε-Caprolactams. Erf.: *Herbert K. Reimschuessel.* Inh.: Allied Chemical Corp., New York, N. Y. A. 24. 4. 67, B. 30. 3. 71. Kl.: 260-239,3, Int. Kl.: C 07d 41/06. 9 Anspr. A.-Z.: 645085 (ausgesch. aus USP 3384625. A. 29. 1. 64, B. 21. 5. 68. A.-Z.: 341068). A.-Z.: 341068 vgl. auch USP 3384625 u. entspr. DOS 1545532, FrP 1422769 u. GBP 1042640.

*C 08. Makromolekulare Verbindungen; ihre Herstellung und chemische Verarbeitung; auf diesen Verbindungen beruhende Gemische Polymerisationsprodukte*

HERSTELLUNG

DDP 79151. Vorrichtung zur Veresterung und Kondensation bzw. Polykondensation. Erf. u. Inh.: *Hansjürgen Malig, Joachim Stock, Heinz Viehweg* u. *Gerhard Winterstein.* A. 23. 6. 69, B. 12. 1. 71. Kl.: 39b4, 1/98, Int. Kl.: C 08f 1/00, C 08g 35/00. A.-Z.: WP 39b4/140669.

DOS 1923393. Verfahren zur kontinuierlichen Substanzpolymerisation von Vinylverbindungen. Erf.: *Erich Bäder, Herbert Amann* u. *Werner Unseld.* Anm.: Deutsche Gold- und Silberscheideanstalt vorm. Roessler, 6000 Frankfurt. A. 8. 5. 69, O. 19. 11. 70. Kl.: 39b4, 1/04. A.-Z.: P 1923393. Entspr. FrP 2047478.

OeP 292299. Verfahren zur Herstellung neuer Polymerisationskatalysatoren. Erf.: *Adolfo Mayr, Ermanno Susa* u. *Ettore Giachetti.* Inh.: Montecatini Edison S.p.A., Mailand (It). A. 19. 11. 69, B. 15. 12. 70. Kl.: 39b, 12. Int. Kl.: C 08f 1/00. A.-Z.: 10794/69. Prior.: 21. 11. 68 (It; A.-Z.: 24008 A/68). Entspr. FrP 2023789.

OeP 292300. Verfahren zur Herstellung neuer Polymerisationskatalysatoren. Erf.: *Adolfo Mayr, Paolo Galli, Ermanno Susa, Giovanni Di Drusco* u. *Ettore Giachetti.* Inh.: Montecatini Edison S.p.A., Mailand (It). A. 21. 11. 69, B. 15. 12. 70. Kl.: 39b, 12. Int. Kl.: C 08f 1/00. A.-Z.: 10880/69. Prior.: 25. 11. 68 (It; A.-Z.: 24141 A/68). Entspr. FrP 2024149.

FrP 2047266. Verfahren zur Herstellung von Homopolymeren des Äthylens und Copolymeren aus Äthylen und verbesserten α-Olefinen. Erf.: *J. M. Stewart.* Inh.: E. I. du Pont de Nemours and Co. A. 4. 5. 70, B. 16. 4. 71. Int. Kl.: C 08f 1/00, 3/00, 15/00. A.-Z.: 7016224. Prior.: 2. 5. 69 (Ca; A.-Z.: 050451.) Entspr. DOS 2021425.

FrP 2051213. Katalysatoren zur Polymerisation von Olefinen. Erf.: *U. Giannini, P. Longi, D. De Luca* u. *B. Pivotto.* Inh.: Montecatini Edison S.p.A. A. 23. 6. 70, B. 7. 5. 71. Int. Kl.: C 08f 1/00, 3/00, B 01j 11/00. A.-Z.: 7023138. Prior.: 24. 6. 69 (It; A.-Z.: 18597 A/69).

USP 3563931. Verfahren zur Herstellung eines chromogengebundenen Polymeren und Produkte daraus. Erf. u. Inh.: *Shojiro Horiguchi, Hojamachi 965 Shimohoya, Tokio Kitatatamagun* u. *Michiei Nakamura,* 156 5. chome, Motobuto-cho, Urawa-shi, Saitamaken (Ja). A. 6. 8. 65, B. 16. 2. 71. Kl.: 260-41, Int. Kl.: C 08f 1/84, 45/66, C 08g 51/66. 13 Anspr. A.-Z.: 477932. Entspr. DOS 1595525, FrP 1546468 u. GBP 1167161.

DDP 78096. Verfahren zur Herstellung chlorierter Polyolefinelastomerer. Erf.: *Zoltán Balajthy, György Cselik, László Scillag, Miklós Dimitrov, Róbert Kohlhéb, István Máté, Tamás Pazonyi* u. *Péter Sztatelov.* Inh.: Müanyagipari Kutató Intézet (Un). A. 10. 10. 69, B. 5. 12. 70. Kl.: 39b4, 3/30, Int. Kl.: C 08f 3/00. A.-Z.: WP 39b4/143014.

USP 3554995. Verfahren zur Rückgewinnung von entaschendem Lösungsmittel. Erf.: *Ernest G. McGray.* Inh.: Dart Industries Inc., Los Angeles, Calif. A. 23. 1. 69, B. 12. 1. 71. Kl.: 260-93,7, Int. Kl.: C 08f 3/08, 47/24. 3 Anspr. A.-Z.: 793417. Entspr. FrP 2033263.

USP 3563970. Olefinpolymeren mit kontrollierter Korngröße und Verfahren zu ihrer Herstellung. Erf.: *Giorgio Leicht* u. *Giancarlo Bizzarri.* Inh.: Montecatini Edison S.p.A., Mailand (It). A. 30. 12. 66, B. 16. 2. 71. Kl.: 260-93,7, Int. Kl.: C 08f 3/08. 3 Anspr. A.-Z.: 605966. Prior.: 4. 1. 66 (It; A.-Z.: 40/66). Entspr. FrP 1516078 u. GBP 1158480.

DDP 79150. Verfahren zur Herstellung von Alkylenpolymerisaten. Erf.: *Cornelis Emile Petrus Valerius van den Berg* u. *Leonard Jozef Gerard Tummers.* Inh.: Stamicarbon N. V. (Nd). A. 15. 5. 69, B. 12. 1. 71. Kl.: 39b4, 1/28, Int. Kl.: C 08f 3/00. A.-Z.: AP 39b4/139862. Prior.: 15. 5. 68 (Nd; A.-Z.: 6806890). Entspr. DOS 1924709 u. FrP 2008619.

DAS 1520849. Verfahren zur Polymerisation oder Mischpolymerisation von Vinylchlorid in wäßriger Emulsion. Erf.: *Alexis Mathieu.* Anm.: Solvay & Cie, Brüssel (Be). A. 1. 2. 64, B. 25. 3. 71. Kl.: 39b4, 3/30. A.-Z.: P 1520849 (S 89327). Prior.: 13. 2. 63 (Be; A.-Z.: 628385).

SzP 507318. Verfahren zur Polymerisation von Acrylnitril. Erf.: *Luigi Patron* u. *Sergio Lo Monaco.* Inh.: „Chatillon" Soc. An. Italiana per le Fibre Tessili Artificiali S.p.A., Via Conservatorio 13, Mailand (It). A. 23. 8. 67, Int. Kl.: C 08f 3/76, 15/00, 1/62. A.-Z.: 11826/67. Prior.: 24. 8. 66 (It; A.-Z.: 19342/66). Entspr. FrP 1534521 u. GBP 1196626.

OeP 291562. Verfahren zur Polymerisation von Propylen. Inh.: Badische Anilin- & Soda-Fabrik AG, Ludwigshafen (DB). A. 10. 10. 69, B. 15. 6. 71. Kl.: 39b, 12. A.-Z.: 9550/69. Prior.: 29. 10. 68 (DB; A.-Z.: 1805765, DOS 1805765, S. 18/71). Entspr. FrP 2021820.

FrP 1603069. Polymerisation von Vinylmonomeren. Inh.: Koninklijke Industrieele Maatschappij Noury & van der Lande N. V. A. 28. 8. 68, B. 23. 4. 71. Int. Kl.: C 08f. A.-Z.: 164355. Prior.: 29. 8. 67 (Nd; A.-Z.: 6711825). Entspr. GBP 1186835.

ČSP 141101. Verfahren zur Herstellung löslicher Glykolmethacrylat- oder Glykolacrylatpolymerer oder -copolymerer. Erf.: *Richard Chromeček, Miloslav Bohdanecký, Karel Kliment, Jaroslava Otoupalová, Vladimír Stoy, Miroslav Štol* u. *Zdenek Tuzar.* A. 24. 5. 66, B. 6. 11. 70. Kl.: 39c, 25/01, Int. Kl.: C 08f. A.-Z.: 3489/66.

USP 3563969. Verfahren zur Herstellung von Vinylhalogenidpolymeren sowie deren quaternären Ammoniumsalzen. Erf.: *Bonnie F. Hartenstein.* Inh.: The Dow Chemical Co., Midland, Mich. A. 3. 12. 68, B. 16. 2. 71. Kl.: 260-93,5, Int. Kl.: C 08f 7/04, 27/02, 27/08. 12 Anspr. A.-Z.: 780881.

OeP 292301. Verfahren zur Herstellung von neuen Copolymeren. Erf.: *André Viout* u. *Pasero Régine.* Inh.: L'Oréal, Paris (Fr). A. 25. 7. 78, B. 15. 12. 70. Kl.: 39b, 14, Int. Kl.: C 08f 15/00. A.-Z.: 7224/68. Prior.: 28. 7. 67 (Lu; A.-Z.: 54202).

FrP 2053350. Nachchlorierte Copolymere des Vinylchlorids. Erf.: *C. A. Heiberger.* Inh.: Air Reduction Co., Inc. A. 30. 7. 70, B. 21. 5. 71. Int. Kl.: C 08f 15/00, 37/00. A.-Z.: 7028197. Prior.: 31. 7. 69 (US; A.-Z.: 846417).

USP 3547898 Zus. z. Pat. m. A.-Z.: 404177. A. 15. 10. 64. Verfahren zur Herstellung von Maleinsäurehalbester enthaltenden Harzen. Erf.: *Leonard Shapiro.* Inh.: Freeport Industries, Inc., Boston, Mass. A. 2. 10. 67, B. 15. 12. 70. Kl.: 260-78,5, Int. Kl.: C 08f 15/02. 2. Anspr. A.-Z.: 672396. A.-Z.: 404177 entspr. FrP 1459347.

USP 3557248. Verfahren zum Herabsetzen des hydrophoben Verhaltens von Alkenpolymeren. Erf.: *Mathijs J. M. G. Kisters.* Inh.: Stamicarbon N. V., Heerlen (Nd). A. 12. 7. 68, B. 19. 1. 71. Kl.: 260-85,7, Int. Kl.: C 08d 3/04, C 08f 15/20. 4 Anspr. A.-Z.: 745336. Prior.: 14. 7. 67 (Nd; A.-Z.: 6709659). Entspr. OeP 288015 u. SzP 491970.

GBP 1233717. Halogenierung von Polymeren. Inh.: Polymer Corp. Ltd. A. 11. 12. 68, B. 26. 5. 71. Kl.: C3.P, Int. Kl.: C 08f 27/02. A.-Z.: 58954/68 Prior.: 15. 1. 68 (Ca; A.-Z.: 009841). Entspr. USP 3551402.

USP 3573265 Zus. z. Pat. m. A.-Z.: 735176. A. 7. 6. 68. Verfahren zur Herstellung von Vinylchlorid/Vinylalkohol-Copolymeren. Erf. u. Inh.: *Marvin Koral.* 39 Round Top Road, Warren u. *Elliott Farber,* 16 Llanfair Lane, Trenton, N. J. A. 27. 12. 68, B. 30. 3. 71. Kl.: 260-87,1, Int. Kl.: C 08f 27/14. 10 Anspr. A.-Z.: 787587. A.-Z.: 735176 vgl. auch USP 3534008.

DOS 1921362. Verfahren zur Herstellung von sauer anfärbbaren Polyacrylnitril-Polymerisatmischungen. Erf.: *Heinrich Rinkler, Horst Wieden, Alfred Nogaj* u. *Helmut Engelhard.* Anm.: Farbenfabriken Bayer AG, 5090 Leverkusen. A. 26. 4. 69, O. 19. 11. 70. Kl.: 39b4, 29/56. A.-Z.: P 1921362. Entspr. FrP 2046513.

USP 3555110 Zus. z. Pat. m. A.-Z.: 507677. A. 15. 11. 65. Mischungen von α-Monoolefin-Blockcopolymeren mit Äthylen/Acrylat- oder -/Alkenylcarboxylat-Copolymeren. Erf.: *Richard L. McConnell* u. *Max F. Meyer.* Inh.: Eastman Kodak Co., Rochester, N. Y. A. 7. 5. 69, B. 12. 1. 71. Kl.: 260-876, Int. Kl.: C 08f 29/12, 29/40, 29/46. 10 Anspr. A.-Z.: 822727.

USP 3547875 Zus. z. Pat. m. A.-Z.: 728790. A. 13. 5. 68. Mit tertiäre Amingruppen enthaltenden Verbindungen stabilisierte Polyolefine. Erf.: *Joseph E. Bonkowski.* Inh.: Hercules Inc., Wilmington, Del. A. 11. 4. 69, B. 15. 12. 70. Kl.: 260-45,8, Int. Kl.: C 08f 45/60. 9 Anspr. A.-Z.: 815481. Entspr. DOS 1923747.

USP 3547878. Synergistische, feuerhemmende Kompositionen aus Diels/Alder-Addukten und Phosphorverbindungen. Erf.: *Christos Savides.* Inh.: American Cyanamid Co., Stamford, Conn. A. 1. 7. 68, B. 15. 12. 70. Kl.: 260-45,8, Int. Kl.: C 08f 45/58, C 08g 51/59. 10 Anspr. A.-Z.: 741327. Entspr. GBP 1228518.

USP 3554964. Stabilisatorsysteme für Polymere. Erf.: *Donald E. Miller.* Inh.: The Goodyear Tire & Rubber Co. A. 19. 10. 67, B. 12. 1. 71. Kl.: 260-45,95, Int. Kl.: C 08f 45/58. 13 Anspr. A.-Z.: 676450.

GBP 1229343. Verfahren zum Verarbeiten von Chlorpolyolefinlösungen Inh.: Farbwerke Hoechst AG. A. 2. 9. 69, B. 21. 4. 71. Kl.: C3.P, Int. Kl.: C 08f 47/00. A.-Z.: 43400/69. Prior.: 31. 8. 68 (DB; A.-Z.: P 1794061). Entspr. FrP 2017133.

*C 08g. Polykondensations- und Polyadditionsprodukte*

HERSTELLUNG

GBP 1229247. Katalysatorsystem zur Polymerisation von Aldehyden. Inh.: International Lead Zinc Research Organization Inc. A. 20. 6. 68, B. 21. 4. 71. Kl.: B1.E, Int. Kl.: C 08g 1/20. A.-Z.: 29455/68. Prior.: 20. 6. 67 (Nd; A.-Z.: 6708558). Vgl. auch GBP 1229248.

GBP 1229248. Katalysatorsystem zur Polymerisation von Aldehyden. Inh.: International Lead Zinc Research Organization Inc. A. 20. 6. 68, B. 21. 4. 71. Kl.: B1.E, Int. Kl.: C 08g 1/20. A.-Z.: 29456/68. Prior.: 20. 6. 67 (Nd; A.-Z.: 6708558). Vgl. auch GBP 1229247.

GBP 1229317. Herstellung von Polyoxymethylen. Inh.: Ube Industries Ltd. A. 29. 7. 68, B. 21. 4. 71. Kl.: C3.P, Int. Kl.: C 08g 1/02. A.-Z.: 36155/68. Prior.: 28. 7. 67 (Ja; A.-Z.: 48181). Entspr. DAS 1770995.

FrP 2053332. Verfahren zur Herstellung von aromatischen Polyaminen. Erf.: *A. W.-G. Yee.* Inh.: Kaiser Aluminium & Chemical Corp. A. 30. 7. 70, B. 21. 5. 71. Int. Kl.: C 08g 9/00. A.-Z.: 7028105. Prior.: 31. 7. 69 (US; A.-Z.: 846588).

DDP 78105. Verfahren zur Herstellung von Polyestern. Erf. u. Inh.: *Hans-Ulrich Schimpfle, Adolf Gesierich* u. *Max Weiler.* A. 30. 7. 68, B. 5. 12. 70. Kl.: 39c, 16, Int. Kl.: C 08g 17/00. A.-Z.: WP 39c/133833. Entspr. DOS 1900182.

DDP 79587. Verfahren zur Herstellung von Polyestern. Erf.: *Lambert Gaston Jeurissen.* Inh.: Agfa-Gevaert AG (DB). A. 27. 11. 69, B. 5. 2. 71. Kl.: 39b5, 17/10, Int. Kl.: C 08g 17/00. A.-Z.: AP 39b5/143967. Prior. 29. 11. 68 (GB; A.-Z.: 56896/68). Entspr. DOS 1948236.

OeP 291587. Sensibilisator-System zur photochemischen Härtung ungesättigter Polyester. Erf.: *Gunter Schindler.* Inh.: Vianova Kunstharz AG, Wien. A. 24. 10. 69, B. 15. 6. 71. Kl.: 39b, 22. A.-Z.: 10033/69.

DOS 1924808. Verfahren zur Herstellung von Isocyanurat- und Imidgruppen enthaltenden Esterharzen. Erf.: *Gerhard Schade* u. *Franz Blaschke.* Anm.: Dynamit Nobel AG, 5210 Troisdorf. A. 16. 5. 69, O. 19. 11. 70. Kl.: 39b5, 20/32. A.-Z.: P 1924808. Entspr. FrP 2042684.

OeP 291576. Verfahren zur anionischen katalytischen Polymerisation von Lactamen. Inh.: Stamicarbon N. V., Heerlen (Nd). A. 19. 3. 69, B. 15. 6. 71. Kl.: 39b, 21. A.-Z.: 2703/69. Prior.: 21. 3. 68 u. 4. 12. 68 (Nd; A.-Z.: 6817424). Entspr. DOS 1914006 u. FrP 2004434.

GBP 1232918. Herstellung von Polyharnstoff-Polyamidharz. Inh.: Mitsui Toatsu Chemicals Inc. A. 12. 11. 69, B. 26. 5. 71. Kl.: C3.R, Int. Kl.: C 08g 20/00, 22/02. A.-Z.: 55467/69.

DOS 1923934. Verfahren zur Herstellung von Polyurethanen. Erf.: *Willem Dijkhuizen, Erich Termin, Otto Bleh* u. *Dieter Morgenstern.* Anm.: Dynamit Nobel AG, 5210 Troisdorf (DB). A. 10. 5. 69, O. 10. 11. 70. Kl.: 39b5, 22/40. A.-Z.: P 1923934. Entspr. FrP 2042548.

FrP 2049592. Verfahren zur Verbesserung der Stabilität von Polyurethanlösungen. Inh.: Asahi Kasei Kogyo Kabushiki Kaisha. A. 13. 6. 69, B. 30. 4. 71. Int. Kl.: C 08g 22/00. A.-Z.: 6919716.

USP 3547896 Zus. z. Pat. m. A.-Z.: 569467. A. 1. 8. 66; u. Pat. m. A.-Z.: 459994. A. 1. 6. 65. Mercaptogruppen enthaltende Urethanpolymere. Erf.: *Marvin B. Smith.* Inh.: Teledyne Inc., Los Angeles, Calif. A. 17. 1. 69, B. 15. 12. 70. Kl.: 260-77,5, Int. Kl.: C 08g 22/08, 22/04, 12 Anspr. A.-Z.: 792129. A.-Z.: 459994 entspr. FrP 1487515.

GBP 1228778 Zus. z. Pat. 1150203. Von phenolischen Verbindungen abgeleitete Polymere. Inh.: Midland Silicones Ltd. A. 5. 9. 67, B. 21. 4. 71. Kl.: C3.R, Int. Kl.: C 08g 33/10. A.-Z.: 40479/67.

USP 3563920. bis-2-Oxazolin und Oxazinäther sowie Thioäther. Erf.: *Donald A. Tomalia* u. *Janet N. Paige.* Inh.: The Dow Chemical Co., Midland, Mich. A. 16. 6. 69, B. 16. 2. 71. Kl.: 260-2, Int. Kl.: C 07d 85/36, C 08g 33/02, 45/00. 4 Anspr. A.-Z.: 834611. Entspr. FrP 2052593.

USP 3555114. Mit Diäthanolamin polymerisiertes Polycaprolactam. Erf.: *Herbert K. Reimschuessel, Gerald J. Dege* u. *Robert Fuhrmann.* Inh.: Allied Chemical Corp., New York, N. Y. A. 11. 10. 68, B. 12. 1. 71. Kl.: 260-857, Int. Kl.: C 08g 41/04. 9 Anspr. A.-Z.: 766691. Entspr. DOS 1951225.

USP 3573244. Verfahren, um eine gleichmäßige Verteilung von sauren Farbstoffen in Polyamiden zu erhalten. Erf.: *Phil H. Wilken* u. *Graham Leadbetter.* Inh.: Monsanto Co., St. Louis, Mo. A. 16. 10. 68, B. 30. 3. 71. Kl.: 260-45,8, Int. Kl.: C 08g 51/60, 51/66. 3 Anspr. A.-Z.: 768189.

DDP 77313. Verfahren zur Herstellung gehärteter, ungesättigter Polyesterharze. Erf. u. Inh.: *Lothar Dimter* u. *Helga Schröter.* A. 8. 4. 69, B. 20. 10. 70. Kl.: 39b, 22/10, Int. Kl.: C 08j 1/00. A.-Z.: WP 39b/139070.

SvP 334743. Verfahren zum Stabilisieren von Polyoxymethylen. Erf.: *R. Höjfors, M. Sjöstrand* u. *A. Kristiansen.* Inh.: Perstorp AB, Perstorp. A. 16. 2. 67, B. 3. 5. 71. Kl.: 39b5, 51/60, Int. Kl.: C 08g 51/60. A.-Z.: 2144/67. Entspr. FrP 1564668 u. GBP 1169490.

*Sektion D. Textilien und Papier*

*Textilien und biegsame Werkstoffe, soweit nicht anderweitig vorgesehen*

*D 01. Natürliche und künstliche Fäden und Fasern; Spinnen*

*D 01d. Mechanisches Verfahren und Vorrichtung für die Herstellung von künstlichen Fäden, Borsten oder Bändern*

DDP 77275. Vorrichtung zum Erspinnen von polyfilen Mehrkomponentenfaserstoffen. Erf. u. Inh.: *Helmut Kern* u. *Ingo Hesse.* A. 21. 5. 69, B. 20. 10. 70. Kl.: 29a, 6/30, Int. Kl.: D 01d 3/00, 5/00. A.-Z.: WP 29a/139987.

USP 3553773. Spinndüsenanordnung. Erf. u. Inh.: *James W. Heijnis,* Ij., Roemer Visscherstaat 51, Arnhem (Nd). A. 21. 2. 68, B. 12. 1. 71. Kl.: 18-8, Int. Kl.: D 01d 1/06. 2. Anspr. A.-Z.: 707173. Prior.: 9. 3. 67 (Nd; A.-Z.: 6703657). Entspr. DDP 65993 u. GBP 1218078.

DDP 79112. Verstellbare Fadenführervorrichtung. Erf. u. Inh.: *Klaus Schönzart, Helmut Kleiber, Manfred Kühn* u. *Erich Key.* A. 17. 10. 69, B. 12. 1. 71. Kl.: 29a, 6/15, Int. Kl.: D 01d 9/00. A.-Z.: WP 29a/143140.

FrP 2049715. Verfahren zur Herstellung gekräuselter Fasern oder Fäden. Inh.: Shell Internationale Research Maatschappij N. V. A. 1. 6. 70, B. 30. 4. 71. Int. Kl.: D 01d 5/00. A.-Z.: 7019948. Prior.: 3. 6. 69 (Nd; A.-Z.: 6908384).

FrP 1603108 (Aj.). Neues Verfahren zur Herstellung von Polyamid-Imidfäden. Inh.: Rhodiaceta Soc. An. A. 4. 6. 68, B. 30. 4. 71. Int. Kl.: D 01f, C 08g 20/00, D 01d. A.-Z.: 50063, Rhône.

OeP 292177. Verfahren zur Herstellung von wärmeschrumpffähigen Fasern aus Polyvinylchlorid. Erf.: *Corrado Mazzolini* u. *Francesco Denti.* Inh.: „Chatillon" Soc. An. Ital. per le Fibre Tessili Artificiali S.p.A., Mailand (It). A. 28. 7. 64, B. 15. 12. 70. Kl.: 29a, 7/08. A.-Z.: 8080/68. Prior.: 31. 7. 63 (It; A.-Z.: 15963/63). Entpsr. DOS 1435335, SzP 456025, FrP 1402545, GBP 1080554 u. USP 3424833.

OeP 292171. Mehrfädiges Garn sowie Verfahren und Vorrichtung zu dessen Herstellung. Inh.: Algemene Kunstzijde Unie N. V., Arnhem (Nd). A. 14. 8. 67, B. 15. 12. 70. Kl.: 29a, 7/07. A.-Z.: 7474/67. Prior.: 8. 9. 66 (Nd; A.-Z.: 6612638).

DDP 79548. Verfahren zur Herstellung von monofilen synthetischen Fäden im Mehrfachspinnen. Erf. u. Inh.: *Reiner Büttner.* A. 5. 1. 70, B. 5. 2. 71. Kl.: 29b, 5/01, Int. Kl.: D 01g. A.-Z.: WP 29b/144792.

DDP 78051. Füllkörper für Kissen und Steppartikel und ein Verfahren zu deren Herstellung. Erf.: *Helmut Werner* u. *Hans Stapp.* Inh.: Glanzstoff AG (DB). A. 2. 1. 69, B. 5. 12. 70. Kl.: 29a, 6/20, Int. Kl.: D 01d 5/00. A.-Z.: AP 29a/137119. Prior.: 2. 1. 68, 4. 1. 68 u. 22. 5. 68 (DB; A.-Z.: G 38682/34f Gbm, G 38686/8h Gbm u. P 1760471).

USP 3555600. Spinndüse zur Herstellung von Hohlfäden. Erf.: *Maurice S. Moore.* A. 1. 12. 67, B. 19. 1. 71. Kl.: 18-8, Int. Kl.: D 01d 3/00. 4 Anspr. A.-Z.: 687170. Entspr. SzP 497553, FrP 1576284 u. GBP 1207408.

GBP 1233585. Spinndüsenplatte für die Herstellung von Fäden mit nichtkreisförmigem Querschnitt und damit hergestellte Fäden. Inh.: Snam Progetti S.p.A. A. 6. 8. 68, B. 26. 5. 71. Kl.: B5.B, Int. Kl.: D 01d 3/00. A.-Z.: 37564/68. Prior.: 8. 8. 67 (It; A.-Z.: 813868).

*D 01f. Chemische Gesichtspunkte bei der Herstellung von künstlichen Fäden, Gespinsten, Fasern, Borsten oder Bändern*

FrP 2051778. Textilfaserstoffe mit speziellem Farbstoffaufnahmevermögen. Erf.: *A. Bonvicini* u. *G. Cantatore.* Inh.: Montecatini Edison S.p.A. A. 15. 7. 70, B. 14. 5. 71. Int. Kl.: D 01f 7/00. A.-Z.: 7025925. Prior.: 16. 7. 69 (It; A.-Z.: 19687).

FrP 2050033. Gekräuselter Acrylkomplexfaden und sein Herstellungsverfahren. Inh.: Mitsubishi Rayon Co. Ltd. A. 5. 6. 70, B. 30. 4. 71. Int. Kl.: D 01d 5/00, D 01f 7/00. A.-Z.: 7020819. Prior.: 26. 9. 69 (Ja; A.-Z.: 76248/1969).

FrP 2047245. Hygroskopische, synthetische Acrylfäden und ihr Herstellungsverfahren. Inh.: Asahi Kasei Kogyo Kabushiki Kaisha. A. 4. 5. 70, B. 16. 4. 71. Int. Kl.: C 08f 15/00, D 01f 7/00. A.-Z.: 7016177. Prior.: 8. 5. 69 (Ja; A.-Z.: 34782/69).

OeP 292183. Gekräuselte Kompositfäden und Verfahren zur Herstellung dieser Fäden. Inh.: Teijin Ltd., Osaka (Ja). A. 6. 7. 66, B. 15. 4. 69. Kl.: 29b, 15/04. A.-Z.: 6487/66. Prior.: 6. 7. 65, 4. 12. 65 u. 7. 7. 65 (Ja; A.-Z.: 40746/65, 74504/65 u. 40686/65, A.-Z.: 75504/65 entspr. JaP 25372/69, S. 192/70). Entspr. DAS 1285666, FrP 1486035, GBP 1146741 u. USP 3520770.

DDP 78624. Verfahren zur Herstellung von hohlraumfreien und querschnittsformkonstanten Polyacrylnitrilfaserstoffen mit hoher Packungsdichte. Erf. u. Inh.: *Eberhard Peter, Anneliese Peter* u. *Siegfried Hartig*. A. 3. 6. 69, B. 20. 12. 71. Kl.: 29b, 3/60, Int. Kl.: D 01f 7/00. A.-Z.: WP 29b/140241.

DDP 78054. Verfahren zur Herstellung von Mehrkomponentenfäden und -fasern. Erf. u. Inh.: *Helmut Kern*. A. 30. 6. 69, B. 5. 12. 70. Kl.: 29b, 3/60, Int. Kl.: D 01f 7/00. A.-Z.: WP 29b/140862.

SzP 508060. Verfahren zur Herstellung von modifizierten Viskosefasern Erf.: *Felix Steinlin* u. *Horst Nobs*. Inh.: Ciba-Geigy AG, Basel (Sz). A. 1. 10. 68. Int. Kl.: D 01f 3/12. A.-Z.: 14660/68. Entspr. DOS 1948487 u. FrP 2019535.

GBP 1228910. Verfahren zur Herstellung von Kohlenstoff-Fäden. Inh.: Coal Industry(Patents) Ltd. A. 6. 9. 68, B. 21. 4. 71. Kl.: C1.A, Int. Kl.: C 01b 31/07, D 01f 7/06. A.-Z.: 42539/68.

*D 02. Garne, mechanische Veredlung von Garnen oder Seilen; Schären oder Bäumen*

*D 02g. Kräuseln oder Krimpfen (Texturieren) von Fasern, Fäden, Zwirnen oder Garnen; Garne oder Zwirne*

DDP 78050. Verfahren und Vorrichtung zur Bestimmung der Kräuselgleichmäßigkeit von Mehrkomponentenfäden. Erf. u. Inh.: *Helmut Kern* u. *Gerhard Siegl*. A. 16. 6. 69, B. 5. 7. 70. Kl.: 29a, 6/20, Int. Kl.: D 02g 1/00. A.-Z.: WP 29a/140530.

FrP 2047833. Verfahren zur Herstellung eines Fadens aus thermoplastischem Material mit latenter Kräuselung und so hergestellter Faden. Erf.: *G. Cerutti*. Inh.: Bemberg S.p.A. A. 15. 5. 70, B. 16. 4. 71. Int. Kl.: D 02g 1/00. A.-Z.: 7017830. Prior.: 19. 5. 69 (It; A.-Z.: 16977 A/69).

USP 3546744. Verfahren zur Phasenverschiebung von texturierten Fäden. Erf.: *Charles P. Mazzone*. Inh.: J. P. Stevens & Co., Inc., New York. A. 27. 3. 68, B. 15. 12. 70. Kl.: 19-65, Int. Kl.: D 02g 1/00. 2 Anspr. A.-Z.: 716533.

USP 3553952. Verfahren und Vorrichtung zum Texturieren von Fäden und das dabei hergestellte Produkt. Erf.: *Bruce Murray McIntosh*. Inh.: Imperial Chemical Industries Ltd., London (GB). A. 3. 9. 68, B. 12. 1. 71. Kl.: 57-34, Int. Kl.: D 02g 1/02, 1/04, 3/00. 8 Anspr. A.-Z.: 757077. Prior.: 4. 9. 67 (GB; A.-Z.: 40241/67).

USP 3555807. Verfahren zur Fadenbehandlung. Erf.: *Walter Parker*. Inh.: Ernest Scragg & Sons Ltd., Macclesfield, Cheshire (GB). A. 8. 6. 67, B. 19. 1. 71. Kl.: 57-157, Int. Kl.: D 02g 1/02. 14 Anspr. A.-Z.: 644657.

USP 3553953. Texturiertes gebundenes Garn. Erf.: *Lloyd J. Ponson* u. *Gulf Breeze*. Inh.: Monsanto Co., St. Louis, Mo. A. 3. 9. 68, B. 12. 1. 71. Kl.: 57-140, Int. Kl.: D 02g 3/00, 3/40, D 02j 1/12. 3 Anspr. A.-Z.: 756790.

*D 21. Papierherstellung; Gewinnung von Cellulose bzw. Zellstoff*

*D 21c. Gewinnung von Cellulose durch Abscheiden nichtcelluloseartiger Substanzen von cellulosehaltigen Stoffen; Wiedergewinnung der Zellstoffablaugen; Vorrichtungen dafür*

DOS 2018878. Verfahren zur Herstellung verschiedener Sulfatkochlösungen. Erf. u. Anm.: *Yrjö Ph. D. Sivola*. A. 20. 4. 70, O. 19. 11. 70. Kl.: 55b, 1/20. A.-Z.: P 2018878. Prior.: 25. 4. 69, 18. 6. 69 u. 12. 3. 70 (Fi; A.-Z.: 1223-69, 1800-69, 671-70). Entspr. FrP 2046398.

SvP 335053. Verfahren zur Behandlung von cellulosehaltigem Material mit einem sauerstoffhaltigen Gas in Gegenwart einer alkalischen Flüssigkeit Erf.: *H. O. Samuelson* u. *E. O. Noréus*. Inh.: Mo och Domsjö AB, Örnsköldsvik. A. 13. 5. 69, B. 10. 5. 71. Kl.: 55b, 1/01, Int. Kl.: D 21c 3/02. A.-Z.: 6780/69. Entspr. FrP 2047420.

SvP 335054. Flüssigkeitsseparator für lignocellulosehaltiges Material. Erf. u. Inh.: *R. B. Reinhall*, Lidingö. A. 14. 11. 69, B. 10. 5. 71. Kl.: 55b, 2/10, Int. Kl.: D 21c 7/06. A.-Z.: 15676/69.

USP 3554858. Verfahren zum Regenerieren von Weißlauge mit Rückführung von Schwefelwasserstoff. Erf.: *Winfried George Timpe*. Inh.: Copeland Prozess Corp. A. 15. 9. 67, B. 12. 1. 71. Kl.: 162-30, Int. Kl.: D 21c 11/14. 7 Anspr. A.-Z.: 668226.

*Sektion G. Physik*

*G 01. Messen*

*G 01n. Prüfen von chemischen und/oder physikalischen Eigenschaften von Stoffen einschließlich Laboratoriumsgeräte*

DDP 79866. Vorrichtung zur Prüfung des Ergebnisses der Veredlung von Textilien. Erf. u. Inh.: *Hans Joachim Trott, Manfred Scheller* u. *Heino Hofmann*. A. 9. 1. 70, B. 12. 2. 71. Kl.: 42k, 50, Int. Kl.: G 01n. A.-Z.: WP 42k/144859.

GBP 1229308. Verfahren und Vorrichtung zum Prüfen der Vorsprünge in Proben von Fäden enthaltendem Gewebe. Inh.: Imperial Chemical Industries Ltd. A. 12. 9. 68, B. 21. 4. 71. Kl.: D1.S, Int. Kl.: G 01n 19/00. A.-Z.: 43453/68. Entspr. DOS 1946388.

PoP 52945. Anlage zur automatischen Regulierung der Stärke des Bandes des Vorgarns und des Fadens in Textilmaschinen. Erf.: *Jan Waszkowski, Rajmund Grochowiak, Zdzisław Tokarski, Jerzy Kwiatkowski* u. *Wiktor Kinski*. Inh.: Lubuska Fabryka zgrzeblarek Bawełnianych, Zielona Góra (Po). A. 14. 4. 69. Kl.: 42k, 50. A.-Z.: 132939.

# Literaturschau

*Auszug aus Lieferung 23 und 24/1971 der Literaturschau „Faserstoffe und Textiltechnik", zusammengestellt von der Abteilung Wissenschaftliches Berichtswesen des Instituts für Faserstoff-Forschung der DAW, 153 Teltow-Seehof, Kantstr. 55*

## I. Wissenschaftliche Grundlagen

### Allgemeines

(Untersuchungsmethoden u. a.)

*Kaiser, R.*: Systematische Fehler in der Analyse. Fresenius' Z. analyt. Chemie **256** (1971) 1, S. 1 – 6.

*Malissa, H.*: Automation in und mit der Analytischen Chemie. IV. Bedeutung der Semiotik und des Informationsgehaltes in der automatischen Analyse. Fresenius' Z. analyt. Chemie **256** (1971) 1, S. 7 – 14.

*Vogh, J. W.*: Isolierung und Analyse von Carbonylverbindungen als Oxime. Analytic. Chem. **43** (1971) 12, S. 1618 – 1623.

*Subbaraman, V., Mashelkar, R. A., Ulbrecht, J.*: Extrapolationsverfahren für die Viskosität bei Schubgeschwindigkeit Null für ein Kugelfallviskosimeter. J. Polymer Sci., B: Polymer Letters **9** (1971) 8, S. 569 – 572.

*Gapon, T. B., Aleksandrova, L. S., Čmutov, K. V.*: Adsorptionschromatographie mit Komplexbildung und ihre Entwicklungsaussichten. Usp. Chimii (Fortschr. d. Chemie) **40** (1971) 10, S. 1892 – 1911.

*Ginzburg, B. M., Tujčiev, Š., Moneva, I. T., Chusainov, A. A., Mežirova, S. Ja., Frenkel', S. Ja.*: Über die Verformung von Sphärolithen und den Übergang der α-Textur von Kristalliten in die c-Struktur beim Recken von isotaktischem Polypropylenfaserstoff. Vysokomol. Soed. (Hochmol. Verbind.) Serie A **13** (1971) 10, S. 2218 – 2225.

### Physik und Chemie der Hochpolymeren

*Tagami, Y.*: Verallgemeinerte Formel für die Lichtstreuung von optisch anisotropen Makromolekülen. J. chem. Physics **54** (1971) 12, S. 4990 bis 5010.

*Gaines, G. L.*: Oberflächenspannung von Polymerlösungen. III. Einfluß der Verteilung der relativen Molekülmasse. J. Polymer Sci., A-2: Polymer Physics **9** (1971) 7, S. 1333 – 1339.

*Moldovan, L., Weill, G.*: Das Auslöschen der Fluoreszenz als Mittel zur Untersuchung der Verteilung von lokalen Konzentrationen in Polymerlösungen. II. Inhibition einer an eine Kette gebundenen fluoreszierenden Gruppe durch ein besonderes Lösungsmittel. European Polymer J. **7** (1971) 8, S. 1023 – 1028. (franz.)

*Inoue, T., Moritani, M., Hashimoto, T., Kawai, H.*: Deformationsmechanismus von elastomeren Blockcopolymeren mit Bereichen von starren Segmenten unter einachsiger Zugbeanspruchung. Macromolecules, Washington **4** (1971) 4, S. 500 – 507.

*Václavek, M., Navrátil, B.*: Nichtgleichgewichtswäsche von polymeren Flächengebilden. Chem. Prům., Praha (Chem. Ind.) **21(46)**, (1971) 8, S. 390 – 394.

*MacCallum, J. R.*: Die Anwendung der Hypothese des stationären Zustandes auf die kinetische Analyse der Abbaureaktionen bei Polymeren. European Polymer J. **7** (1971) 9, S. 1237 – 1239.

*Scallan, A. M.*: Ein quantitatives Bild des gefransten Micellen-Modells der Cellulose. Textile Res. J. **41** (1971) 8, S. 647 – 653.

*Gaylord, N. G., Anand, L. C.*: Alternierende Copolymere. III. Cellulose-Pfropfcopolymere. I. Pfropfen von alternierenden Styrol/Acrylnitril-Copolymeren auf Cellulose in Gegenwart von Zinkchlorid. J. Polymer Sci., B: Polymer Letters **9** (1971) 8, S. 617 – 621.

*Mitomo, H., Tonami, H.*: Der Mechanismus der isothermen Kristallisation von Mischungen aus Polyamid 6 und Polyamid 12. Kobunshi Kagaku, Tokyo (Chem. High Polymers) **28** (1971) 315(7), S. 630 – 638.

*Yasuhira, S., Komoto, K., Kōda, H.*: Thermischer Abbau von Poly(m-xylylenadipamid). Kobunshi Kagaku, Tokyo (Chem. High Polymers) **28** (1971) 315(7), S. 599 – 603. (jap.; engl. Zusammenfass.)

*Estes, G. M., Seymour, R. W., Cooper, S. L.*: Infrarotuntersuchungen an Polyurethanelastomeren mit Segmentstruktur. II. Infrarotdichroismus. Macromolecules, Washington **4** (1971) 4, S. 452 – 457.

*Kusumoto, N., Yamamoto, T., Takayanagi, M.*: Morphologische Effekte bei der Bildung und dem Verhalten von Radikalen in Polyäthylen-einkristallen bei Gammabestrahlung. J. Polymer Sci., A-2: Polymer Physics **9** (1971) 7, S. 1173 – 1190.

*Paul, E., Mazo, R. M.*: Eine Theorie zur Geschwindigkeit der Konformationsänderung von Molekülen isotaktischer Poly-α-olefine in Lösung. Macromolecules, Washington **4** (1971) 4, S. 424 – 428.

*Berghmans, H., Safford, G. J., Leung, P. S.*: Untersuchung der Niederfrequenzbewegungen von gestreckten Ketten in Polyäthylen durch unelastische Neutronenstreuung. J. Polymer Sci., A-2: Polymer Physics **9** (1971) 7, S. 1219 – 1234.

*Kaplan, M. L., Kelleher, P. G.*: Über den Mechanismus des photochemischen Abbaus von Polyäthylen: Die Oxydation von endständigen Olefinen und gesättigten Zentren mit Singulett-Sauerstoff. J. Polymer Sci., B: Polymer Letters **9** (1971) 8, S. 565 – 568.

*Glenz, W., Peterlin, A.*: Infrarotuntersuchungen an verstrecktem Polyäthylen. II. Orientierungsverhalten von hochverstreckten linearem und Äthyl-verzweigtem Polyäthylen. J. Polymer Sci., A-2: Polymer Physics **9** (1971) 7, S. 1191 – 1217.

*Skuratova, E. A., Ševčenko, A. A., Klinov, I. Ja.*: Untersuchung der chemischen Beständigkeit von Polypropylen in Schwefel- und Essigsäure. Zavodsk. Labor., Moskva (Betriebslabor) **37** (1971) 9, S. 1074 – 1077.

*Plant, M. A., Scott, G.*: Mechanismus des Verhaltens von Antioxydantien. Die Einschätzung des Einflusses des Flüchtigkeitsgrades bei Polypropylen durch Anwendung der Torsionsanalyse. European Polymer J. **7** (1971) 8, S. 1173 – 1183.

*Gibb, W. H., MacCallum, J. R.*: Der photochemische Abbau von Polyvinylchloridfilmen. I. European Polymer J. **7** (1971) 9, S. 1231 – 1235.

*Chytrý, V., Obereigner, B., Lim, D.:* Untersuchung des thermischen Abbaues von Polyvinylchloridartigen Polymeren durch Anwendung von Modellsubstanzen. II. Pyrolyse von trans-1,3-Dichloropenten, trans-5-Chloro-3-Hepten, cis-4-chloro-2-Penten und von Stereoisomeren von 2,4-Dichlorpentan in der Gasphase. European Polymer J. 7 (1971) 8, S. 1111–1118.

*Akahane, T., Mochizuki, T.:* Orientierung von Kohlenstoff–Kohlenstoff-Zickzackketten in der Ebene bei Polyvinylalkoholfilmen. Kobunshi Kagaku, Tokyo (Chem. High Polymers) **28** (1971) 315(7). S. 568–572. (engl. Zusammenfass.)

*Crystal, R. G.:* Die Kristallmorphologie von Poly(N-vinylcarbazol). Macromolecules, Washington **4** (1971) 4, S. 379–384.

*Linow, K.-J., Philipp, B.:* Zur Konzentrationsabhängigkeit der Viskosität verdünnter Lösungen von Hochpolymeren. Plaste u. Kautschuk **18** (1971) 10, S. 721–724.

*Ajroldi, G., Pezzin, G.:* Spannungsrelaxation und Verteilung der relativen Molekülmasse von Polymerschmelzen. Rheologica Acta, Darmstadt **10** (1971) 3, S. 402–407. (engl.).

*Gianotti, G., Dall'Asta, G., Valvassori, A., Zamboni, V.:* Physikalische Eigenschaften von Poly-1-methyloeten als Modell für Äthylen/Propylen-Copolymere. Makromol. Chemie **149** (1971) S. 117–125 (engl.).

*Kosobuckij, V. A., Kagan, G. I., Beljakov, V. K., Tarakanov, O. G.:* Zur Amid/Imidol-Tautomerie in aromatischen Polyamiden. Z. strukt. Chimii (Z. Strukturchemie) **12** (1971) 5, S. 822–830.

*Liebmann, S. A., Reuver, J. F., Jr., Gollatz, K. A., Nauman, C. D.:* Thermischer Abbau von Polyvinylchlorid und nachchloriertem Polyvinylchlorid. I. ESR-Untersuchung und thermogravimetrische Analyse. J. Polymer Sci., A-1: Polymer Chem. **9** (1971) 7, S. 1823–1833.

*Yamashita, Y., Monobe, K.:* Einkristalle von Amylose V Komplexen. III. Kristalle mit $8_1$-Helixkonfiguration. J. Polymer Sci., A-2: Polymer Physics **9** (1971) 8, S. 1471–1481.

*Cvetkov, V. N., Skazka, V. S., Lavrenko, P. N.:* Polarisations-Interferometrie bei der Sedimentationsanalyse von Polymeren. Vysokomol. Soed. (Hochmol. Verbind.) Serie A **13** (1971) 10, S. 2251–2259.

*Cvetkov, V. N., Andreeva, L. N., Korneeva, E. V., Lavrenko, P. N., Platé, N. A., Sibaev, V. P., Petruchin, B. S.:* Konformationelle und optische Eigenschaften von Makromolekülen mit seitlichen Kettengruppen. Polyacetylacrylat. Vysokomol. Soed. (Hochmol. Verbind.) Serie A **13** (1971) 10, S. 2226–2235.

*Peebles, L. H.,* jr., *Huffman,* M. W.: Thermischer Abbau von Polyamid 6.6. J. Polymer Sci., A-1: Polymer Chem. **9** (1971) 7, S. 1807–1822.

*Akim, E. L., Najmark, N. I., Vasil'ev, B. V., Fomenko, B. A., Ignat'eva, E. V., Žegalova, N. N.:* Wirkung plastifizierender flüssiger Medien auf die Einfriertemperatur von Cellulosematerialien. Vysokomol. Soed. (Hochmol. Verbind.) Serie A **13** (1971) 10, S. 2244–2250.

*Chiaverina, J., Lazaro, R., Quiles, J. P.:* Anwendung der Natriumperjodatoxydation für Feinstrukturuntersuchungen an nativer Cellulose. Cellulose Chem. Technology, Jassy/Rum. **5** (1971) 4, S. 333–339.

*Jordan, E. F., jr.: Feldeisen, D. W., Wrigley, A. N.:* Kristallinität der Seitenketten. I. Schmelzwärme und Schmelzumwandlungen bei ausgewählten Homopolymeren mit langen Seitenketten. J. Polymer Sci., A-1: Polymer Chem. **9** (1971) 7, S. 1835–1852. 4 Abb.

*Tricot, M., Desreux, V.:* Hydrodynamische Eigenschaften und ungestörte Abmessungen von Poly-4-chlorphenylmethacrylat in verschiedenen Lösungsmitteln. Makromol. Chemie **149** (1971) S. 185–195 (engl.).

*Paljutkin, G. M., Sokolov, A. R., Vasil'ev, B. V., Tarakanov, O. G.:* Über das Relaxations- und Kristallisationsverhalten von Polyätherurethanen. Vysokomol. Soed. (Hochmol. Verbind.) Serie A **13** (1971) 10, S. 2286 bis 2290.

*Armeniades, C. D., Baer, E.:* Struktureller Ursprung der Tieftemperatur-Relaxationen bei Polyäthylenterephthalat. J. Polymer Sci., A-2; Polymer Physics **9** (1971) 8, S. 1345–1369.

**Physik und Chemie der Monomeren und Oligomeren**

*Gillbro, T., Kinell, P. O., Lund, A.:* ESR-Untersuchung der Bildung von Radikalen und Radikalpaaren in Einkristallen von gammabestrahlten Vinylmonomeren. J. Polymer Sci., A-2: Polymer Physics **9** (1971) 8, S. 1495–1507.

*Eršov, B. N., Kul'nevic, V. G.:* Untersuchung der sauren Umwandlung von Glucose und Xylose. Ž. prikl. Chimii (Z. angew. Chemie) **44** (1971) 8, S. 2085–2090.

**Polymerisation**

*Koršak, V. V., Sergeev, V. A., Sitikov, V. K., Vol'pin, M. E., Kolomnikov, I. S.:* Polycyclotrimerisation – eine neue Methode zur Herstellung von aromatischen Polymeren. Dokl. Akad. Nauk SSSR (Ber. Akad. Wiss. UdSSR) **201** (1971) 1, S. 112–114.

*Lovjagina, L. D., Mejja, N. V., Nikolaev, A. F.:* Polymerisation von 2-Methyl-5-vinylpyridin in Gegenwart von Mn(III)-acetylacetonat und verschiedenen Säuren. Ž. prikl. Chimii (Z. angew. Chemie) **44** (1971) 9, S. 2056–2060.

*Léonard, J., Malhotra, S. L.:* Anionische Gleichgewichtspolymerisation von α-Methylsytrol in Dioxan. J. Polymer Sci., A-1: Polymer Chem. **9** (1971) 7, S. 1983–1991.

*Albeck, M., Relis, J.:* Elektrisch ausgelöste Polymerisation von Vinylmonomeren in polaren Systemen. II. Polymerisation von Äthylmethacrylat in Methanollösung. J. Polymer Sci., A-1: Polymer Chem. **9** (1971) 7, S. 1789 bis 1798.

*Tsuruta, T., Kawakami, Y., Tsushima, R.:* Reaktion und Polymerisation von Methyl-chloracrylat mit zinnorganischen Verbindungen. Makromol. Chemie **149** (1971) S. 135–152 (engl.).

*Rybakova, I. D., Galeckaja, Ė. N., Fanyševa, M. A.:* Inhibierung der Polymerisation von Acrylmonomeren durch einen Holzteerinhibitor. Chim. Prom. (Chem. Ind.) (1971) 10, S. 63 (783)–64 (784).

*Wilkus, E. V., Wright, A. N.:* Photochemische Polymerisation von Tetrafluoräthylen zu einem schmelzbaren Polymeren. J. Polymer Sci., A-1: Polymer Chem. **9** (1971) 7, S. 2071–2077.

*Napper, D. H.:* Teilchenmorphologie bei der Emulsionspolymerisation. J. Polymer Sci., A-1: Polymer Chem. **9** (1971) 7, S. 2089–2091.

*Vlad, M., Stan, V.:* Untersuchung einiger Sekundärprodukte bei der Synthese von Polyäthylenterephthalat. Materiale plast., Bucureşti **8** (1971) 8, S. 407–409.

*Munoz-Escalona, A., Wegner, G.:* Kinetische Untersuchungen zur strahleninduzierten Festkörperpolymerisation von Trioxan und Tetroxan. IV. Mitt. der Reihe „Kinetische und morphologische Untersuchungen zur Polymerisation von oxacyclischen Monomeren im festen Zustand". Makromol. Chemie 149 (1971) S. 197–220.

*Schneko, H., Jung, K. A., Grosse, L.:* Zur Problematik der Endgruppenbestimmung nach Abbruch der Ziegler-Natta-Polymerisation mit Jod oder titriertem Alkohol. Makromol. Chemie **148** (1971) S. 67–80. 10. Mitteilung. Zur Polymerisation mit metallorganischen Mischkatalysatoren.

*Migahed, M. D., Beckey, H. D.:* Kationische Polymerisation organischer Substanzen in hohen elektrischen Feldern. Kolloid-Z. u. Z. Polymere **246** (1971) 2, S. 679–681.

*Dass, N. N., George, M. H.:* Einflüsse von Eisen(III)-chlorokomplexen auf die Polymerisation von Styrol. II. Verzögerung und Inhibitionskinetik in Dimethylsulfoxid. European Polymer J. **7** (1971) 8, S. 1185–1195.

*Chachaty, C., Forchioni, A., Ban, Buu:* KMR-Untersuchung der Festkörperpolymerisation von gammabestrahlten Vinylmonomeren. J. Polymer Sci., B: Polymer Letters **9** (1971) 7, S. 483–490.

*Zambelli, A., Gatti, G., Sacchi, C., Crain, W. O., jr., Roberts, J. D.:* Kernmagnetische Resonanzspektroskopie. Bestimmung des sterischen Verlaufes bei der Polymerisation von α-Olefinen durch $^{13}C$-Spektren. Macromolecules, Washington **4** (1971) 4, S. 475–477.

**Sonderfragen**

*Allan, G. G., Reif, W. M.:* Modifizierung der Faseroberfläche. Die Stereotopochemie der ionischen Bindung in Papier. Svensk Papperstidn. **74** (1971) 18, S. 563–570 (engl.).

## II. Faserstoffe. Ausgangsstoffe usw.

*Rau, J. H., Welz, M.:* Über reaktive Fasern. Teil II. Melliand Textilber. internat. **52** (1971) 10, S. 1195–1200.

**Naturfaserstoffe**

*Pflanzliche Faserstoffe*

*Reine, A. H., Hinojosa, O., Arthur, J. C., jr.:* Einfluß von dipolaren protonfreien Lösungsmitteln auf die Stabilität von freien Radikalen bei gammabestrahlter Baumwollcellulose. J. Polymer Sci., B: Polymer Letters 9 (1971) 7, S. 503–507.

*Prjanišnikov, S. K.:* Wege zur besseren Ausnutzung der Flachsfasern in der Flachshechelei und Spinnerei. Tekstil. Prom., Moskva (Textil-Ind.) **31** (1971) 8, S. 33–35.

*Tillman, F. A., LaFerney, P. E.:* Auf einem Baumwollhaussemarkt kaufen und dabei doch Geld sparen. Textile World **121** (1971) 5, S. 65–66, 69.

*Tierische Faserstoffe*

Neue Verfahren in der Wollindustrie. Internat. Dyer, Textile Printer, Bleacher, Finisher **146** (1971) 4, S. 214.

*Arai, K., Negishi, M.:* Pfropfung auf Wolle. I. Elektronenmikroskopische Untersuchung zur Lokalisierung von Pfropfpolymeren in der Wollstruktur. J. Polymer Sci., A-1: Polymer Chem. **9** (1971) 7, S. 1865–1877.

**Chemiefaserstoffe**

*Néder, B.:* Produktion von Chemiefaserstoffen in der DDR. Chim. Volokna (Chem. Fasern) (1971) 5, S. 8–9.

*Doša, J.:* Chemiefaserstoffe in der Tschechoslowakischen Sozialistischen Republik. Chim. Volokna (Chem. Fasern) (1971) 5, S. 12–13.

*Chang, H., Lodge, A. S.:* Ein möglicher Stabilisierungsmechanismus für die Strömung beim „Ausziehen" von Polymerflüssigkeiten bei konstanter Temperatur und Zusammensetzung. Rheologica Acta, Darmstadt **10** (1971) 3, S. 448–449. (engl.).

*Perepelkin, K. E.:* Struktur und Eigenschaften der neuartigen hochfesten und Hochmodul-Chemiefasern. Tekstil. Prom., Moskva (Textil-Ind.) **31** (1971) 8, S. 67–70.

*Lüdtke, M.:* Über das Restprotein in Kunstseiden. Papier **25** (1971) 11, S. 781–786.

*Cellulose und Zellstoff*

*Simonson, R.:* Hemicellulose-Ligninverbindungen im Birkenholz. Svensk Papperstidn. **74** (1971) 19, S. 604–606 (engl.).

*Samuelson, O., Stolpe, L.:* Abbau von Kohlenhydraten während der Sauerstoffbleiche. 2. Einfluß von Komplexbildnern bei Modellversuchen an Cellobiitol. Svensk Papperstidn. **74** (1971) 18, S. 545–552 (engl.).

*Schurz, J.:* Was kann der Papiermacher von gepfropfter Cellulose erwarten. Papier **25** (1971) 10 A, (Vortragsheft) S. 635–644.

*Azzola, F. K., Dudek, H. J.:* Möglichkeiten und Grenzen der Elektronenmikroskopie im Bereich Zellstoff und Papier. Papier **25** (1971) 10 A, (Vortragsheft) S. 660–665.

*Jayme, G., El-Kodsi, G.:* Charakterisierung von Cellulosen durch Bestimmung ihrer Auflösungsresistenz in EWNNmod (NaCl). Papier **25** (1971) 10 A, (Vortragsheft) S. 627–635.

*Regeneratfaserstoffe*

Die neuen Gesichter von Vincel. Teil V. Textile Month (1971) 2, S. 79, 81.

*Akopjan, G. A., Ejfer, I. Z., Malinskij, R. A., Andreeva, L. E.:* Schaumregulierung bei der Reinigung von Fällbädern der Viskoseproduktion. Chim. Volokna (Chem. Fasern) (1971) 5, S. 36–37.

*Kim, V. P., Žilin, V. A., Bocman, A. A.:* Über die Arbeit einer halbtechnischen Anlage zur Rückgewinnung von Schwefelkohlenstoff. Chim. Volokna (Chem. Fasern) (1971) 5, S. 66–68.

*Tochtabaev, M. T., Usmanova, M. I., Vostrilova, N. V., Zaripova, A. M., Kozin, G. M., Turapov, A. T., Usmanov, Ch, U.:* Einfluß der Reaktionsfähigkeit von Baumwollcellulose auf einige Eigenschaften der Viskose. Chim. Volokna (Chem. Fasern) (1971) 5, S. 30–31.

*Rahman, M.:* Spektralphotometrische Bestimmung von Xanthat und Gesamtschwefel in Viskose. Analytic. Chem. **43** (1971) 12, S. 1614–1618.

*Synthetische Faserstoffe*

*Avramov, L., Šikova, M.:* Verhalten der Synthesefasern Jambolen, Bulana und Widlen zu den Reagenzien, die bei der quantitativen Analyse der Mischungen verwendet werden. Tekstil. Prom., Sofija (Textil-Ind.) **20** (1971) 6, S. 282–283.

*Olf, H. G., Peterlin, A.:* Untersuchung von gereckten Polymeren durch magnetische Kernresonanz. VIII. Polyamid-6.6-Faserstoff. J. Polymer Sci., A-2: Polymer Physics **9** (1971) 8, S. 1149–1469.

*Ėrgašeb, K. Ė., Levš, V. I., Geller, B. E.:* Untersuchung des Prozesses der mechanischen Kräuselung von Chemiefasern mittels Faktorenexperiment. Chim. Volokna (Chem. Fasern) (1971) 5, S. 19–20.

*Karadački, I. V.:* Über die Korrelation zwischen den mechanischen Eigenschaften von Polyesterfaserstoff und dem Reckgrad. Chim. Volokna (Chem. Fasern) (1971) 5, S. 51–53.
*Kulackov, V. I.:* Verbrauch an Elektroenergie beim Herstellen großer Aufmachungen auf der Reck-Zwirn-Maschine KV-150-I2. Chim. Volokna (Chem. Fasern) (1971) 5, S. 69.
*Thomas, G. O.:* Polypropylen in der Faserindustrie. Textile Manuf. **97** (1971) 1158, S. 239–241.

## III. Fäden-Herstellungstechnologien

**Spinnerei. Zwirnerei**

*Townend, P. P.:* Exponate der Langstapelspinnerei: Interesse an neueren Einrichtungen. Textile Month (1971) 8, S. 46–50.
Hochentwickelte Halbkammgarneinrichtung erzeugt Teppichspezialgarne Textile World **121** (1971) 6, S. 68–70.
*Forshaw, G.:* Ein Rückblick auf Paris: Spinnen und Spulen von Kurzfaser-Garnen. Textile Inst. Ind. **9** (1971) 10, S. 281–283.
*Bondarenko, D. A.:* Verfahren zur Bestimmung der Parameter, die den Bildungsprozeß des freien Garnendes in der aerodynamischen Spinnkammer charakterisieren. Izv. vysšich uč. Zav. Technol. tekstil. Prom. (Hochschulnachr. Technol. Textil-Ind.) (1971) 3, S. 61–65.

*Spinnereivorbereitung*

*Bachar, M. I., Klenov, V. B., Kučma, A. A.:* Über ein Verfahren zur Beurteilung der Wickelungleichmäßigkeit in der Breite. Izv. vysšich uč. Zav. Technol. tekstil. Prom. (Hochschulnachr. Technol. Textil-Ind.) (1971) 3, S. 54–57.
*Garami, I., Szentiványi, B.:* Die Verringerung der Ungleichmäßigkeit der Wickel durch die Regelung der Reiniger-Maschinenstraßen. Magyar Textiltechn. **23** (1971) 8/9, S. 395–401.
*Klibanov, S. T., Čukaev, Ju. F., Šuleško, I. S.:* Einstufenverfahren zur Herstellung von Abfallgarn. Tekstil. Prom., Moskva (Textil-Ind.) **31** (1971) 8, S. 35–37.
*Gruoner, S.:* Faserbandgüte und Produktivität im Bereich der Kammgarnvorbereitungs-Endpassage. Melliand Textilber. internat. **52** (1971) 10, S. 1125–1131.

*Spinnerei*

*Hartstein, J.:* Eine unter den Offen-End-Spinnmaschinen zu treffende Auswahl. Ind. textile, Paris (1971) 1003, S. 519–520.
*Audivert, R.:* Beziehung zwischen Vorgarndicke und kleinster Drehung beim Verspinnen. Invest. Inform. textil, Barcelona **14** (1971) 3, S. 423–424.
*Perkins, H. H.:* Hinweise zu klebrigen Baumwollen. Textile Ind. **135** (1971) 3, S. 49–50, 53, 55, 57–62.
*Townend, P. P.:* Die künftige Kammgarnspinnerei-Industrie. Teil II und III. Textile Month (1971) 2, S. 51–52; 3, S. 67–67.

*Zwirnerei*

*Kaltenecker, M., Németh, I.:* Bewertung der Wirtschaftlichkeit der Investition für zeitgemäße Garnveredlung. Magyar Textiltechn. **23** (1971) 8/9, S. 414–425.

*Erzeugnisse der Spinnerei und Zwirnerei*

*Borisova, M., Nakov, L., Serafimov, S.:* Endappretur von Nähgarnen aus 100% Polyesterfasern. Textil. Prom., Sofija (Textil-Ind.) **20** (1971) 6, S. 307–310.
*Wójcik, A.:* Zwirne aus Synthesefaserstoffen und Anwendung der in Wirkerei-/Strickereiindustrie. Przegl. włókienn. (Textil-Rdsch.) **25** (1971) 7, S. 361 bis 365.
*Lambrinou, I.:* Faserstruktur in Leinengarnen. Die Struktur degummierter Leinengarne aus Flachswerg. Melliand Textilber. internat. **52** (1971) 10, S. 1184–1194.

**Texturfäden**

*El-Behery, H. M.:* Texturierverfahren – ihre Parameter und Grenzen. Mod. Textiles Mag. **52** (1971) 7, S. 24–25; 36–37; 38.
*Odor, G.:* Texturierung, Verarbeitung und Einsatz von Polyestergarnen. Magyar Textiltechn. **23** (1971) 8/9, S. 402–406.
Texturieren: „Spitzenstar" macht sich für weiteres Wachstum bereit. Textile World **121** (1971) 6, S. 67–68.
*Andrew, W.:* Einrichtung für Erzeugnisse und Weiterbehandlung von Polyfil: Entwicklungen, wie erwartet. Textile Month (1971) 8, S. 54–55, 58, 60, 62, 64, 67.
*Galewska, J.:* Eigenschaften und Anwendung von texturierten Triacetatgarnen in der Wirkerei/Strickerei. Przegl. włókienn. (Textil-Rdsch.) **25** (1971) 7, S. 357–359.

## IV. Flächengebilde-Herstellungstechnologien

*Tsuboi, H.:* Die japanische Textilindustrie. Ind. textile, Paris (1971) 1004, S. 557–560.
*Müller, W.:* Europäischer Trend in der Entwicklung von Oberbekleidungsstoffen. Chemiefasern **21** (1971) 10, S. 885–891.
*Hoyer, D., Pörschmann, F.:* Über die Entwicklung synthetischer Papiere. Zellstoff und Papier **20** (1971) 11, S. 339–342.
*Bass, K. C.:* Der Beitrag der Chemiefaserstoffe zur Sicherheit. Ind. textile, Paris (1971) 1004, S. 561–564.

**Materialvorbereitung**

*Stelzer, G.:* Neuerungen in der Webereivorbereitung. I. Tex, Doetinchem/Nd. **30** (1971) 10, S. 36–40.
*Il'jašenko, R. M., Charitonova, L. G., Nikonova, E. A.:* Einsatz von Polyacrylsäure zum Schlichten von Polyamidseiden mit verringerter Drehung. Tekstil. Prom., Moskva (Textil-Ind.) **31** (1971) 7, S. 39–41.
*Gorickij, S. G., Ivanov, S. N., Tichomirov, V. M.:* Vorbereitung des Zwirnes von Spulen der Spinnzwirnmaschinen PK-100 zum Weben. Izv. vysšich uč. Zav. Technol. tekstil. Prom. (Hochschulnachr. Technol. Textil-Ind.) (1971) 3, S. 83–87.
*Malafeev, R. M.:* Zur Frage der Anordnung der Grenz- und Geodäsielinien auf einer konischen Oberfläche. Izv. vysšich uč. Zav. Technol. tekstil. Prom. (Hochschulnachr. Technol. Textil-Ind.) (1971) 3, S. 57–60.
*Machover, V. L.:* Über die Möglichkeit einer Verringerung der weichen Abfälle beim Abwinden der Kette von den Vorbäumen. Izv. vysšich uč. Zav. Technol. tekstil. Prom. (Hochschulnachr. Technol. Textil-Ind.) (1971), 3 S. 78–81.

**Weberei**

Die zweite neue Webhalle in Westport. Textile Month (1971) 4, S. 66, 68, 70.
*Laible, R. C., Henry, M. C.:* Entwicklung von ballistischen Nadelfilzen. Amer. Dyestuff Rep. **60** (1971) 4, S. 36–38, 40, 42.
*Kerényi, I.:* Die Veränderung der Arbeitsbedingungen beim Automatisieren in der Weberei. Magyar Textiltechn. **23** (1971) 6, S. 268–269.
*Kessels, H. H.:* Die Weberei – gegenwärtige und künftige Entwicklungen. Chemiefasern **21** (1970) 10, S. 857–858.

*Weberei-Technologie*

*Van Gorp, P. J. M.:* Maschinen und Apparaturen für die Weberei. III. Tex, Doetinchem/Nd. **30** (1971) 10, S. 41–44.
*Trueman, W. E.:* Rückblick auf Paris: Kette- und Schußvorbereitung für Bandgewebe von den 50er Jahren bis zur ITMA 1971. Textile Inst. Ind. **9** (1971) 10, S. 284–285.
*Zuet, N. N.:* Untersuchung einiger Parameter des Webprozesses bei der Herstellung von Gewebe mit unterschiedlicher Schußdichte. Izv. vysšich uč. Zav. Technol. tekstil. Prom. (Hochschulnachr. Technol. Textil-Ind.) (1971) 3, S. 81–83.
Anpassungsfähigkeit der Webprinzipien. Ind. textile, Paris (1971) 1003, S. 504.

**Wirkerei und Strickerei. Konfektionstechnik. Sonstige Technologien**

*Skelton, J.:* Dreiaxial gewebte Stoffe: Ihre Struktur und Eigenschaften. Textile Res. J. **41** (1971) 8, S. 637–647.
*Meckel, L.:* Eigenschaften von Haar- und Jutefilzen. Melliand Textilber. internat. **52** (1971) 10, S. 1147–1154.
*Fehn, G.:* Ein heuristisches Modell zur automatischen Fertigungssteuerung für die Wirkerei/Strickerei und Konfektion eines Maschenoberbekleidungsbetriebes. Wirk.- u. Strick.-Technik **26** (1971) 10, S. 691–697.
*Darlington, K. D.:* Kettengewirkte Oberbekleidung – Eine Beurteilung der Möglichkeiten für Trikot- und Raschelmaschinen. Hosiery Trade J. **78** (1971) 931, S. 69, 71–72.
*Kal'nickij, L. B., Bezdoroževa, V. S.:* Herstellung von Doppelränderware mit komplizierten Mustern auf Interlock-Maschinen. Tekstil. Prom., Moskva (Textil-Ind.) **31** (1971) 8, S. 46–48.
*Reichman, Ch.:* Die Elektronik dominiert bei Entwicklungen auf dem Gebiet der Wirkerei und Strickerei. Knitting Times **40** (1971) 30, S. 49–58.

*Erzeugnisse der Wirkerei und Strickerei*

*Reichmann, Ch.:* Polyacrylnitrilfaserstoffe in Gewirken und Gestricken: eine Übersicht. Knitting Times **40** (1971) 26, S. 37–41.
*Fidrja, L. M., Škunova, L. V., Sachvorostova, T. P.:* Herstellung von Gewirken mit verringerter Flächenmasse auf Maschinen ODZI und Interlock. Tekstil. Prom., Moskva (Textil-Ind.) 31 (1971) 7, S. 49–50.

**Textilverbundstoffe**

*Faserverbundstoffe, Vliesstoffe*

Vliesstoffe machen sich breit. Textile World **121** (1971) 6, S. 53, 56, 59–60, 62–63.
*Smith, P. A.:* Vliesstoffe: Nachdruck auf Abwandlung der Stoffe. Textile Month (1971) 8, S. 52–53.
*Scholtis, W., Ploch, S., Böttcher, P.:* Neues in der Technologie zur Herstellung von Vliesstoffen Maliwatt und Malivlies. Tekstil. Prom., Moskva (Textil-Ind.) **31** (1971) 8, S. 52–53.

*Fadenverbundstoffe*

*Pfeffer, R.:* Entwicklung der Nähwirktechnik in der Baumwollindustrie der DDR. Tekstil. Prom., Moskva (Textil-Ind.) **31** (1971) 7, S. 52–54.

## V. Textilveredlung

*Goldberg, J. B.:* Leistungen der Textilforschung. Teil II. Textile Ind. **135** (1971) 2, S. 111, 113, 114, 116, 118, 121.
*Brooks, A. G.:* Ausrüsten und Färben im Lösungsmittel in der Maschenstoffindustrie. Hosiery Trade J. **78** (1971) 932, S. 119–126.

**Farbstoffe. Textilhilfsmittel**

*Mateckij, A.:* Neue Farbstoffe und Textilhilfsmittel für die Textilindustrie. Tekstil. Prom., Moskva (Textil-Ind.) **31** (1971) 8, S. 55–58.
*Flores, I., Jones, F.:* Physikalisch-thermische Stabilität von festen Farbstoffen. I. Wärmebeständigkeit einiger Dispersions- und Küpenfarbstoffe. J. Soc. Dyers Colourists **87** (1971) 9, S. 304–309.

**Bleicherei. Sonstige Vorbehandlungsarbeiten der Textilveredlung**

*Druri, M., Kaliszewicz, W.:* Einfluß der Wasserbehandlung auf die Eigenschaften der aus texturierten Polyamidseiden gefertigten Gewirke. Przegl. włókienn. (Textil-Rdsch.) **25** (1971) 7, S. 342–348.
*Garrow, C., Lhuede, E. P., Roxburgh, C. M.:* Eine Anwendung der Blaulicht-Bleichung bei Wolle. Textile Inst. Ind. **9** (1971) 10, S. 286–288.
*Knott, J., Zahn, H.:* Einfluß von hydrophoben Bindungen auf die Entsäuerung von carbonisierten Wollen. Ann. Sci. textiles belges (1971) 3, S. 23 bis 37.

**Färberei**

*Kamel, M., Kamel, M. M., El-Kashouti, M. A.:* Forschungsarbeiten zur Farbstoff-Fixierung unter Einsatz von Hexahydro-1,3,5-triacryloyl-s-triazin. Teil I und II. Amer. Dyestuff Rep. **60** (1971) 3, S. 33, 34, 38, 40, 42; 4, S. 44–45, 48.
*Klimov, B. G., Molokov, V. L.:* Reproduktion einer vorgegebenen Farbe auf Wollgeweben mit Hilfe des Computers. Tekstil. Prom., Moskva (Textil-Ind.) **31** (1971) 7, S. 54–57.
*Tolkačeva, T. D., Androsov, V. F., Akim, E. L.:* Zum Problem des Einflusses der Alkylencarbonate als Farbintensivierungsmittel auf die Triacetatfaserstruktur. Izv. vysšich uč. Zav. Technol. tekstil. Prom. (Hochschulnachr. Technol. Textil-Ind.) (1971) 3, S. 97–100.
*Nishida, K., Haruna, E., Hotuta, T., Iwamoto, H.:* Färbeeigenschaften der aus substituierten 2-Aminobenzothiazol-3N-oxiden abgeleiteten Azofarbstoffe bei verschiedenen synthetischen Faserstoffen. J. Soc. Dyers Colourists **87** (1971) 9, S. 309–311.
*Leifeld, F.:* TAK – ein neues Mehrfarben-Färbeverfahren für Teppiche. Amer. Dyestuff Rep. **60** (1971) 6, S. 25–31.

*Marsden, J.:* Kontinuierliches Färben von Teppichen. Amer. Dyestuff Rep. 60 (1971) 6, S. 44; 46–48.
*Šurygin, D. A., Demidova, E. N., Charcharov, A. A.:* Über ein Verfahren zur Ermittlung der optimalen Färbeparameter einer Faserstoffmischung. Izv. vysšich uč. Zav. Technol. tekstil. Prom. (Hochschulnachr. Technol. Textil-Ind.) (1971) 3, S. 105–109.
*Ingham, D. J., Lemin, D. R.:* Temperatureinfluß auf das Egalfärben (Migration) von Synacril-Farbstoffen auf Orlon-Acrylfaserstoff. Textilis, Gent 27 (1971) 10, S. 11–12.
*Starikovič, E. E., Rževskij, V. V.:* Färben von Triacetatfaserstoffen mit Metallkomplex-Dispersionsfarbstoffen. Izv. vysšich uč. Zav. Technol. tekstil. Prom. (Hochschulnachr. Technol. Textil-Ind.) (1971) 3, S. 113 bis 116.
*Asquith, R. S., Booth, A. K.:* Untersuchungen zum Tieftemperatur-Schnellfärben von Wolle. J. Soc. Dyers Colourists 87 (1971) 10, S. 334–337.
*Leonova, N. A., Mel'nikov, B. N., Berezin, B. D.:* Untersuchung des thermischen Verfahrens zum Färben von Cellulosefaserstoffen mit Reaktivfarbstoffen. Izv. vysšich uč. Zav. Technol. tekstil. Prom. (Hochschulnachr. Technol. Textil-Ind.) (1971) 3, S. 93–96.
*Schödel, E.-O.:* Reaktivfarbstoffe auf Nylon. Die Verofixfarbstoffe. Textilbetrieb 89 (1971) 10, S. 924–927.

**Druckerei**

*Charcharov, A. A., Hurtovenko, S. I., Orechova, A. E., Volodičeva, T. S.:* Bedrucken von Gewebe „Aurora“. Tekstil. Prom., Moskva (Textil-Ind.) 31 (1971) 7, S. 62–63.

**Ausrüstung. Trocknung**

*Subbotin, Ju. P., Chomuckij, N. D.:* Abschlußdekatur und Stabilisierung der Gewebefläche. Izv. vysšich uč. Zav. Technol. tekstil. Prom. (Hochschulnachr. Technol. Textil-Ind.) (1971) 3, S. 117–119.
Färber bedruckt Mischungen in einem Arbeitsgang durch neue Chemikalientechnologie. Textile World 121 (1971) 6, S. 92.
*Jones, F. W., White, M. A.:* Permanent-Press-Effekte auf Wolle. Teil X. Die Stabilisierung der Fixierung durch Polymerbildung. J. Textile Inst. 62 (1971) 10, S. 532–544.
*Elder, H. M., McLaren, I. F., Ranganathan, S. R.:* Der Einfluß des Feuchtegehaltes während der Kunstharzausrüstung auf die Knitterwinkelerholung von Baumwollgeweben bei 20°C. Textile Res. J. 41 (1971) 8, S. 653–657.
*Kamel, M., Hebeish, A., Ateya, K., Abd El-Thalouth, I.:* Untersuchungen über die Anwendungsmöglichkeit der Carboxymethylcellulose in Druckpasten aus Reaktivfarbstoffen. Cellulose Chem. Technology, Jassy/Rum. 5 (1971) 4, S. 371–386. 6 Abb.,
Wo es das Umdrucken gibt, gibt es eine Möglichkeit. Japan Textile News (1971) 198, S. 71–73.
*Trauter, J.:* Stärkemaschinen. Tex, Doetinchem/Nd. 30 (1971) 10, S. 32–34.
*Chance, L. H., Drake, G. L., jr., Reeves, W. A.:* Überblick über flammhemmende Ausrüstungen für Cellulosefasern. Melliand Textilber. internat. 52 (1971) 10, S. 1211–1214.
*Drake, G. L.:* Brennbarkeitsverzögerung: ihr heutiger Stand. Amer. Dyestuff Rep. 60 (1971) 5, S. 43–44, 46–47.
*Al'ter-Pesockij, F. L., Artemova, L. A., Babaev, M. Š., Uchankov, V. G.:* Breitfoulardieren und Breittrocknen von Gewebe unter Anwendung der Vakuumtechnologie. Tekstil. Prom., Moskva (Textil-Ind.) 31 (1971) 8, S. 60–62.
*Pepperman, A., B. Drake, G. L., Reeves, W. A.:* Schmutzentfernungseigenschaften einer Carboxymethylcellulose niedriger Viskosität in Vernetzungsrezepturen. Amer. Dyestuff Rep. 60 (1971) 4, S. 52, 54, 56–57, 60 bis 61.
Garnbeschichtungsmaschine kann heißfixieren und strecken. Textile Month (1971) 4, S. 77, 79.
*Gottlieb, S. H.:* Laminieren von Textilien: eine Industrie am Scheideweg. Amer. Dyestuff Rep. 60 (1971) 3, S. 45–46, 48.
*Pavlova, T. V.:* Mechanisierung der Arbeiten in der Legerei. Tekstil. Prom., Moskva (Textil-Ind.) 31 (1971) 7, S. 65–68.

**Wäscherei. Chemische Reinigung**

*Schäfer, A.:* Gibt es Neues auf dem Waschmaschinenmarkt? Reiniger + Wäscher 24 (1971) 10, S. 65–67.
*Giles, C. H., Soutar, A. H.:* Oberflächenspannung von ionisierten Farbstofflösungen. J. Soc. Dyers Colourists 87 (1971) 9, S. 301–304.
*Tuševa, G., Vălova, E.:* Unsere Erfahrungen bei der Veredlung von Geweben aus einer Mischung von Flachs und Polyesterfasern. Tekstil. Prom., Sofija (Textil-Ind.) 20 (1971) 6, S. 322–324.
*Arojo, D., Christov, M.:* Veredlung von Malipol-Decken. Tekstil. Prom., Sofija (Textil-Ind.) 20 (1971) 6, S. 315–319.
*Scholz, D. W.:* Die Planung der Wäscherei. II. Chemischreiniger/Wäscher/Färber-Ztg. 70 (1971) 10, S. 583–589.
*Ratna Prabhu, M., Jhala, P. B., Subrahmanyam, K.:* Waschen durch Diffusion. J. Soc. Dyers Colourists 87 (1971) 10, S. 349–350.
*McPhee, J. R.:* Wolle in der Maschentextilindustrie von morgen – waschbare wollene Maschentextilien. Internat. Dyer, Textile Printer, Bleacher, Finisher 146 (1971) 7, S. 372–374.
*Gänssle, A.:* Verhalten frontfixierter Kleidung in der Chemischreinigung. Chemischreiniger/Wäscher/Färber-Ztg. 70 (1971) 10, S. 546–555.

## VI. Werkstoffprüfung. Meß- und Prüftechnik. Standardisierung

*Enev, St.:* Perspektiven der physikalischen Verfahren und Mittel in der Textilveredlung. Tekstil. Prom., Sofija (Textil-Ind.) 20 (1971) 6, S. 279 bis 281.
*Nawrocki, A.:* Zusammenhänge zwischen den Strukturparametern von Texturfäden und den daraus erzeugten Gewirken. Przegl. włókienn. (Textil-Rdsch.) 25 (1971) 7, S. 338–342.

**Eigenschaften und Fehler der Textilmaterialien u. a.**

*Pachomova, L. N., Irklej, V. M., Nagajceva, L. D., Bortnaja, D. A., Kuznecova, N. A., Tret'jakov, Ju. P.:* Methodik zur Bestimmung der Anisotropie von Regeneratcellulosefilmen mittels Messung der Doppelbrechung Chim. Volokna (Chem. Fasern) (1971) 5, S. 44–45.
*Wegener, W., Feier, G.:* Die Autokorrelationsfunktion tatsächlicher Faserverbände. Melliand Textilber. internat. 52 (1971) 10, S. 1132–1137.
Komfort und Textilien. Textile Month (1971) 8, S. 71–72.
*Chižnjak, P. E. Solozemniesk, Ja, A., Gurevič, Ja. D.:* Bestimmung der Scheuerfestigkeit von metallisiertem Lavsan (PETF-A). Izv. vysšich uč. Zav. Technol. tekstil Prom. (Hochschulnachr. Technol. Textil-Ind.) (1971) 3, S. 35–38.
*Wolfaardt, C., Knapton, J. J. F.:* Dimensionseigenschaften reinwollener 1 × 1 Flachgestricke. J. Textile Inst. 62 (1971) 10, S. 561–584.
TRI analysiert Entflammbarkeit, findet gewisse Fortschritte, viele Schwierigkeiten. Textile World 121 (1971) 5, S. 96; 99; 101.
*Laszlo, K.:* Prüfung der Ungleichmäßigkeit von Garnen und Seiden. Ind. textile, Paris (1971) 1003, S. 513–518.

**Meß- und Prüftechnik**

*Franck, G.:* Fortschritte auf dem Gebiet der licht- und elektronenoptischen Mikroskopie. Chem.-Ztg. 95 (1971) 18, S. T 95-T 98.
*Bekičev, V. I.:* Starres Zugprüfgerät zur Untersuchung der Spannungsrelaxation in Polymeren. Zavodsk. Labor., Moskva (Betriebslabor) 37 (1971) 9, S. 1145–1146.
*Knott, J., Zahn, H.:* Einfluß der hydrophoben Wechselwirkungen auf das Entsäuern karbonisierter Wollen. Melliand Textilber. internat. 52 (1971) 10, S. 1180–1184.
*Menold, R., Kaiser, W., Lüttge, B.:* Elektronenmikroskopische Methoden zur Untersuchung disperser Systeme. Chemie-Ing.-Technik 43 (1971) 18, S. 1030–1034.
*Domsch, G. H.:* Zur Identifizierung von Kunststoffen. Kunststoffe 61 (1971) 9, S. 669–670.
*Richards, H. R.:* Quantitative Messung der Sichtbarkeit in rauchhaltiger Atmosphäre. Bull. Inst. Textile France 25 (1971) 156, S. 675–687.
*Harris, J. E.:* Instrumentale Messung der Teppichanschmutzung. Mod. Textiles Mag. 52 (1971) 7, S. 30–31; 34.
*Cornelius, W.:* Geräte zur Bestimmung des Färbeverhaltens und zur Berechnung von Färberezepturen. Chem. Prům., Praha (Chem. Ind.) 21 (46) (1971) 10, S. 509–510.
*Grignet, J.:* Das Evenmeter, ein neues automatisches Gleichmäßigkeitsprüfgerät zur Berechnung der B(L)-Kurve. Ann. sci. textiles belges (1971) 3, S. 70–98.
*Bué, R.:* Versuche mit dem Almeter-Prüfgerät in verschiedenen Laboratorien. Ann. sci. textiles belges (1971) 3, S. 38–69.
*Shenai, V. A., Bajaj, V. K.:* Bestimmung handelsüblicher Natriumbenzylsulfanilatproben. Internat. Dyer, Textile Printer, Bleacher, Finisher 146 (1971) 5, S. 276–277.
*Kvapil, M.:* Über Temperaturänderungen von Textilien bei thermischer Behandlung und ihre Zusammenhänge mit technologischen und maschinellen Erfahrungen. Magyar Textiltechn. 23 (1971) 6, S. 284–287.
*Mitova, B., Teodosieva, N., Bakărdžieva, St.:* Physikalische, textilphysikalische und chemische Eigenschaften der Polyacrylnitrilfaser Bulana. Tekstil. Prom., Sofija (Textil-Ind.) 20 (1971) 6, S. 284–289.

**Standardisierung. Terminologie**

Pentosane in Holz und Zellstoff. Vorschlag einer Revision und Kombination von T 19 m-50 und T 223 ts-63 zu einem Standard. Tappi, New York 54 (1971) 7, S. 1165–1167.
*Uhlmann, R. H.:* Terminologie der Wirkerei und Strickerei. Melliand Textilber. internat. 52 (1971) 10, S. 1178–1179.
Standardisierte Klassifikation der Schußeintragstechniken. Ind. textile Paris (1971) 1003, S. 512.

## VII. Betriebstechnik. Ökonomie. Tagungsberichte und dgl.. Sonderfragen

Wird sich die Technologie der ganzen Welt in Paris entfalten? Textile World 121 (1971) 5, S. 133–134.

**Betriebstechnik**

Arbeitsplatzbeleuchtung in Werkstätten. Bekleid. u. Wäsche 23 (1971) 18, S. 1348, 1350.
*Roberson, J. E.:* Einschränkung der Luftverunreinigung: Kontrollvorrichtung. Teil III. Textile Ind. 135 (1971) 4, S. 105–107, 109, 111.
*Jehnels, A.:* Technologische Faktoren, die das Wachsen der Textilindustrie beeinflussen. Textile Inst. Ind. 9 (1971) 10, S. 289–292.
*Neish, D. T.:* Allgemein bekannte Probleme mit der Automatisierung von Färbebehältern. Internat. Dyer, Textile Printer, Bleacher, Finisher 146 (1971) 4, S. 204–206.
*Shunney, E., L., Perrotti, A. E., Rodman, C. A.:* Entfärben des Abwassers der Teppichgarnfärberei. Amer. Dyestuff. Rep. 60 (1971) 6, S. 32; 34–36; 38; 40.
*Henderson, J. S.:* Einschränkung der Luftverunreinigung: Gesetze und ihre Auswirkungen. Teil I. Textile Ind. 135 (1971) 2, S. 54–58.

**Ökonomie**

*Prchlik, J., Růžička, V., Soukup, J.:* Technisch-ökonomische Probleme der Vinylchloridherstellung. Chem. Prům., Praha (Chem. Ind.) 21 (46) (1971) 8, S. 415–421.
Der Welthandel mit Textilmaschinen. Chemiefasern 21 (1971) 10, S. 843.
*Rohe, D.:* Italiens Chemiefaserindustrie 1970 mit Verlust. Chem. Ind., Düsseldorf 23 (1971) 9, S. 618–621.
*Buck, G. S.:* Entflammbarkeit von Textilien: Das ständig größerwerdende Problem der gesetzlichen Haftpflicht. Textile Ind. 135 (1971) 4, S. 177, 179, 180.
*Buck, G. S.:* Zur Sache der Entflammbarkeit. Textile Ind. 135 (1971) 2 S. 127, 128, 131, 134.
*Descours, J., Kremky, J., Szuba, M.:* Bericht über die Ergebnisse von vergleichenden Zuchtversuchen von polnischen und ausländischen Seidenraupenhybriden 1969 bis 1970. Pr. Labor. Jedwabiu naturaln. (Arb. Labor. Naturseide) 16 (1971) 25, S. 33–42.

**Sonderfragen**

*Kricman, V. A., Kuznecov, V. I., Pevzner, V. M.:* Organisation der Forschungsarbeiten auf dem Gebiet der Chemiefaserstoffe in der DDR. Chim. Volokna (Chem. Fasern) (1971) 5, S. 3–6.
Maßgerecht auf Schutz zugeschnitten. Du Pont Mag. 65 (1971) 4, S. 7–9.
Textilien aus Folie: ein Bericht über die kürzlich vom Shirley Institut und dem Plast-Institut organisierte Konferenz. Teil I. Textile Month (1971) 9, S. 68–70.
*Zulawska, Z.:* Bibliographie der polnischen Literatur über Seidenkultur (Ergänzung für 1970). Pr. Labor. Jedwabiu naturaln. (Arb. Labor. Naturseide) 16 (1971) 25, S. 43–47.

31712

Kolibri 360 GmbH
Ferdinand-Jühlke-Straße 7
99095 Erfurt, Deutschland
produktsicherheit@kolibri360.de